U0179898

吉林财经大学资助出版图书

获吉林省教育厅科学研究优秀青年项目
"基于隐式特征模型的深度推荐系统关键技术研究"（JJKH20240199KJ）资助

马心陶 著

UNDERSTANDING
ALGORITHMS

DEEP RECOMMENDATION SYSTEM BASED
ON GRAPH REPRESENTATION LEARNING

深度理解算法

图表示学习的推荐系统研究

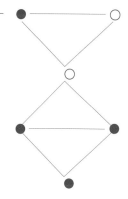

社会科学文献出版社
SOCIAL SCIENCES ACADEMIC PRESS (CHINA)

摘　要

―――――――――――――⬦⬦⬦⬦⬦⬦⬦⬦⬦―――――――――――――

随着互联网的发展和信息的爆炸式增长，信息过载已经成为人们获取有价值信息的主要障碍之一。推荐系统是当前热门的研究领域，利用推荐系统可以有效地对用户和项目建模，深入挖掘用户需求，为其推荐符合个性化需求的项目。在实际中，推荐系统不仅需要研究用户和项目的交互行为，还要融合各种辅助信息，如项目特征、用户属性、上下文信息等。这些辅助信息可以缓解推荐系统的冷启动和数据稀疏的问题，并提高推荐系统的准确性。同时，融合辅助信息的推荐系统存在着拓扑关联，形成图结构。例如，用户和项目的交互二部图、用户端的社交网络以及项目端的知识图谱等，都为推荐系统技术提供了高维空间信息和语义关系的支撑。图表示学习技术，不仅可以应对复杂的图结构，而且可以在提高推荐质量的同时，为推荐结果提供可解释性。因此，运用图表示学习技术对推荐系统中存在的不同图结构进行挖掘分析，对当前推荐系统的发展具有重要意义。

虽然图表示学习已广泛地运用于当前的推荐系统中，但仍然存在一些亟待解决的问题和难点：①忽略了图结构中隐性关系和高阶关系的挖掘，这在一定程度上影响了推荐系统的准确度；②忽视了不同语义关系的邻域对图结构中节点的影响，导致其在映射到低维空间时应赋予的权重较难符合实际预期；③缺少能够利用图表示学习技术针对推荐系统中的不同图结构信息进行有效整合的研究方法。针对这些问题和难点，本书开展基于图表示学习的深度推荐系统研究，针对推荐系统中普遍存在的图结构模式提出了四种算法，主要研究内容和贡献如下。

第一，针对二部图隐性关系的图表示学习。在推荐系统中，用户项目的交互二部图包含显性关系和隐性关系。但传统推荐系统更偏重对显性关系的挖掘，忽略了隐性关系包含的隐藏信息。而隐性关系在反映用户对项目偏好的相似度方面具有不可忽视的作用。因此，本书提出基于二部图隐性关系的 AIRC 算法，对隐性关系进行建模，通过加入用户和项目属性等辅助信息、采用图注意力机制等方式对隐性关系进行分析，区分节点特征重要性。同时，使用图自编码器分析用户项目交互的显性关系，进而将这两部分的图表示学习技术进行结合。实践表明，加入隐性关系的图表示学习技术可以提高交互二部图推荐的准确性。

第二，融合社交网络和推荐系统的图表示学习。社交网络可以为推荐系统提供关于用户社交关系的辅助信息，在社交网络中，关系紧密的用户拥有相似偏好的可能性更大，因此可以为推荐系统的用户特征学习提供新的角度。基于此，本书提出基于多注意力机制的融合社交网络和推荐系统的 SR – AIR 算法，将融合社交网络和推荐系统的图结构分为用户端和项目端：在用户端对用户项目的交互信息、用户的社交关系、用户之间的隐性关系进行建模；在项目端对项目交互的用户信息以及项目的隐性关系进行建模，深度挖掘用户和项目的高阶传递关系。本书通过多注意力机制将两端的模型融合，捕捉社交关系和隐性关系对用户偏好的不同影响，从而提高推荐系统的推荐质量。

　　第三，融合知识图谱和推荐系统的图表示学习。项目端的知识图谱可以极大地丰富项目的属性和语义信息，强化项目之间的联系。本书提出两种融入知识图谱的推荐系统图表示学习方法。其一，基于传播的方法。本书提出双传播机制的 AKUPP 算法，一方面，通过构建用户和历史项目交互的模型，进行用户偏好传播，以此发现用户和项目之间的隐藏特征；另一方面，通过多注意力机制进行项目知识传播，在传播过程中为邻域自适应分配权重，探索知识图谱中的高阶语义关系。两种传播进行依次学习，结合用户偏好及知识图谱中的知识，以更好地提升推荐系统的性能。其二，基于邻域的方法。本书提出多任务增强的邻域交互的 MNI 算法，对融合知识图谱和交互二部图的邻域关系进行重构建模，得到邻域交互图，将用户项目的交互信息转化为邻域的交互关系，利用图表示学习技术挖掘邻域的高阶语义关系。同时，运用多任务交替学习模式，将知识图谱中的语义关系加入邻域交互图，区分不同语义关系的影响力，从而提高推荐的准确性。

Abstract

With the explosive growth of Internet and data, recommendation system becomes indispensable to alleviate the information overload problem. As a prominent research topic, recommendation systems strive to model previous interactions between users and items, investigate user preferences and recommend users their personalized interested items. In actuality, recommendation is capable of mining the historical interactions, and a variety of side information, such as item features, user attributes, and context information. The side information may help alleviate the cold-start and data sparsity issues, and improve the recommendation quality. Moreover, the recommendation system and side information normally form a graph structure, with the majority of items being explicitly or indirectly related to one another. For instance, the user and item interactions constitute bipartite graphs, social networks among users, knowledge graph representing the features of items. The graph structure gives another view of the data connection from high-order dimension and semantical dimension. Thus, graph learning excels in increasing the accuracy of recommendations and developing explainable recommendations. However, the implementation of graph learning dealing with different types of graph structures become one of the challenges.

Currently, graph learning has considerable potential, since it is capable of learning complicated graph topologies the core notion of graph learning is to embed the graph information into low dimensional space, including the topology and the semantic information. However, there are still obstacles to overcome: ①The majority of current graph learning neglect the effect of high-order and implicit relations, which are important to model the user preference. ②The node's neighbors in the graph influence this node differently. The node embedding should take into consideration the different semantics of its neighbors. ③Because the recommendation system incorporates many graph structures, it is necessary to use multiple graph learning approaches. The integration of different graph learning is also a challenge. To address these issues, we propose the research on deep recommendation system based on graph learning, namely four algorithms according to different graph structure. We compare our algorithms with state-of-the-art baselines and also to one another, examining their pros and cons.

Our main contributions are listed as follows:

First, we study the graph learning applied on the bipartite graph. In the recommendation system, the interaction between users and items from the bipartite graph, in which users and items are two distinct kinds of nodes, and their interactions become edges linked to each other. Those edges represent the explicit relations, however implicit relations also exist among the same type of nodes. Thus, we propose AIRC, a framework that explores the explicit and the implicit relations in the bipartite graph. We first construct the implicit relation graphs and embed the side information into node features, then adopt graph attention mechanism to mine the implicit relation graphs, separating the influence of neighbors. For explicit relations, we use a graph autoencoder. Finally, we train the parameters using these two graphs. The findings indicate that implicit relationships may help increase suggestion accuracy.

Second, we study the graph learning integrating social networks and recommendation systems. In social networks, members' social connections and proximity influence their choice. Thus social relations are effective to learnuser preference. We propose SR-AIR, a framework that leverages social networks to assist recommendation systems. We model the users and items separately. The user side contains the social relations, the interacted items, and the implicit relations among users; the item side contains the users they interact with and the implicit relations among items, exploring the high-order transitive relations among users and items. Then we use a multi-attention mechanism for each side and learn them together. Thus we capture the social relations and the implicit relations in the graph and improve the recommendation.

Finally, we study the graph leaning integrating knowledge graphs and recommendation systems. The knowledge graphs include useful details about the objects and serve to reinforce their semantic relationships. We propose two approaches: ① an approach based on propagation. We present AKUPP, a framework that applies dual propagation mechanism. One is user preference propagation that explores the user-item interactions' latent features, the other one is attentive knowledge propagation that explores the high-order relations in the knowledge graph. We use sequential learning to integrate the two propagation mechanisms, improving the recommendation quality. ②An approach based on neighbors. We present MNI, a framework that transforms the interactions between users-items, items-features into users' neighbors-items' neighbors. We consider the knowledge graph and recommendation system as one graph and reconstruct the neighbors' graph, thus with a multi-head attention mechanism we can explore the high-order neighbors. Besides, by multi-task learning, we enhance the neighbors' graph with the semantic information in the knowledge graph, allowing us to discern the effect of various semantic relations and therefore improve recommendation accuracy.

目录 CONTENTS

第 1 章

绪　论

1.1　推荐系统背景

随着互联网技术的迅速发展，人们对互联网的需求和依赖性也在急速增长。互联网的快速发展虽然给人们的生活带来了便利，但同时也导致了信息过载问题的出现。对于用户而言，这意味着在有效的时间内，从海量信息中提取有价值的信息不仅更加困难，并且耗费的时间和精力更多；对于商家及信息提供者而言，在利用有限资源快速吸引用户眼球、精准掌握用户需求方面，则更具有复杂性和挑战性。推荐系统可以在海量信息中为用户挖掘有价值的信息及其偏好的商品，并最终以个性化列表的形式推送给用户，具有无可比拟的优势和广阔的应用前景。目前，推荐系统在互联网领域发挥着重要作用，如 Netflix、豆瓣电影等电影平台，可以根据用户观看的电影记录和评分来判断用户下一部可能感兴趣的电影；亚马逊、淘宝等电子商务平台，可以通过用户的消费记录和浏览痕迹为用户推荐其可能需要购买的商品；Twitter、微博等在线社交媒体，能够根据用户的社交朋友圈来为用户推送其感兴趣的话题。

最早的推荐系统可以追溯到 1994 年，明尼苏达大学双城分校计算机系的 GroupLens 研究组设计了名为 GroupLens 的新闻推荐系统，这个系统首次提出了协同过滤的推荐算法[①]。1997 年，Resnick 正式定义了"推荐系统"这个名词[②]。随着互联网的发展，推荐系统逐渐成为研究热点，并衍变为一个独立的研究领域。2006 年，Netflix 宣布将百万美元大奖颁给第一个将推荐系统的准确率提升 10% 的参赛人员，这一事件将推荐系统研究推向了高潮。国际计算机学会（ACM）举办的推荐系统国际顶级学术会议 RecSys 自 2007 年开始举办，无数研究人员投身其中。在推荐系统的帮助下，用户更有可能获得合适的产品或服务，如电影、书籍、音乐、餐饮信息等。亚马逊宣称 35% 的盈利是由推荐系统产生的[③]；而 Netflix 通过统计发现，有 2/3 的电影由推荐系统推荐，用户因此才进行观看[④]。

传统推荐系统通过海量的用户与项目交互历史来构建用户偏好模型，然而这种单一的输入不仅影响了推荐的质量，而且容易加重冷启动的问题。对于互联网中的新用户而言，由于没有积累足够的用户行为，传统的推荐系统无法通过交互历史向其推荐感兴趣的项目，冷启动的问题也由此产生。同时，对于大规模的电子商务平台，用户和商品的数量巨大，如果只考虑用户和商品的交互，会导致输入数据太过稀疏，从而影响推荐的准确性，即出现数据稀疏问题。

[①] Paul Resnick, et al. , "GroupLens: An Open Architecture for Collaborative Filtering of Netnews", Proceedings of the 1994 ACM Conference on Computer Supported Cooperative Work, New York, 1994.

[②] Paul Resnick, Hal Varian, "Recommender Systems", *Communications of the ACM* 40 (3), 1997, pp. 56 – 58.

[③] Amit Sharma, et al. , "Estimating the Causal Impact of Recommendation Systems from Observational Data", Proceedings of the 2015 ACM Conference on Economics and Computation, Portland, O. R. , 2015; Brent Smith, Greg Linden, "Two Decades of Recommender Systems at Amazon. Com", *IEEE Internet Computing* 21 (3), 2017, pp. 12 – 18.

[④] Liang Hu, et al. , "Deep Modeling of Group Preferences for Group – Based Recommendation", Proceedings of the National Conference on Artificial Intelligence, Quebec City, 2014.

如何缓解冷启动和数据稀疏对推荐系统准确性的影响已经成为当前亟须解决的问题。

目前,通过增加输入数据的多样性可以缓解上述问题并且提高推荐质量。除了用户与项目的交互历史,推荐系统还可以引入其他输入信息,如用户的属性特征(年龄、职业、性别、朋友圈等)、项目的属性特征(电影海报、演员、导演、类别等)、上下文信息(购买时间、购买地点、购物车里其他物品的属性等)等,这些信息统称为辅助信息。将这些辅助信息融入当前的推荐系统,可以增加输入数据的多样性,赋予用户和项目更多的属性,从而更好地刻画用户的偏好,寻找用户和项目之间的关联。近期研究表明,图结构特征可以更好地表现辅助信息以及推荐系统中数据的关联性,提升推荐系统的准确性[1]。图结构特征主要有以下三种形式。

(1)二部图:用户和项目之间的交互关系可以构成二部图。二部图中的节点包含两种类型,属于异构图。当用户对项目有评分时,二部图也属于加权图。在一般情况下,推荐系统本身就是一个二部图,而推荐可以看作在二部图中对某一用户的链接预测。如图 1-1(a)所示,用户 u 和项目 v 之间的交互构成了一个二部图,图中的边代表着它们之间的交互信息。

(2)社交网络:用户和用户之间的交互关系可以构成社交网络,因为图中只含有一种类型的节点,所以属于同构图。在这一类图中,根据社交网络的同质性原理,两个用户交互次数多则意味着他们可

① Xin Li, Hsinchun Chen, "Recommendation as Link Prediction in Bipartite Graphs: A Graph Kernel – Based Machine Learning Approach", *Decision Support Systems* 54 (2), 2013, pp. 880 – 890; Zekai Wang, et al., "Unified Embedding Model over Heterogeneous Information Network for Personalized Recommendation", Proceedings of the 28th International Joint Conference on Artificial Intelligence, Macao, 2019.

能拥有相似的偏好①。如图 1 - 1（b）所示，用户之间相互关注或者成为好友即形成一个社交网络。

（3）知识图谱：项目与项目之间的交互关系构成了知识图谱，用户和用户属性也可以构成知识图谱。在这种图中，节点被叫作实体，这些实体之间形成的图可以丰富项目的信息，有助于我们更好地刻画用户和项目的剪影。如图 1 - 1（c）所示，这是一个电影的知识图谱，电影可以有多重属性，如导演、类型、演员等，它们作为知识图谱中的实体可以体现出电影的隐藏属性，并有效提高推荐质量。

不同于其他辅助信息，图结构特征包含高维空间信息，交互更加复杂，而图表示学习作为机器学习的一种新兴技术，在处理图结构特征方面展现出极大的发展前景。其主要思想是将图中的节点特征和边特征通过学习得到低维的嵌入表示，同时保留图中原有的关联和结构信息。运用图表示学习的推荐系统具有以下几个显著优势。

（1）推荐系统的数据普遍具有图结构的特征

任何数据在赋范空间内都可以建立拓扑关联②，进而形成图，尤其是推荐系统，用户、项目、特征等紧密连接在一起，并且通过各种关联相互影响。因此，在推荐时考虑图结构中复杂的关联可以有效提升推荐系统的质量。

（2）图表示学习可以应对复杂的关系模型

图表示学习技术可以挖掘不同图结构中的信息，如可以将随机游走和图神经网络应用到各种特殊类型的关系模型学习中，一方面

① Peter Marsden, Noah Friedkin, "Network Studies of Social Influence", *Sociological Methods & Research* 22 (1), 1993, pp. 127 – 151; Miller McPherson, et al., "Birds of a Feather: Homophily in Social Networks", *Annual Review of Sociology* 27, 2001, pp. 415 – 444.

② Liang Hu, et al., "Deep Modeling of Group Preferences for Group – Based Recommendation", Proceedings of the National Conference on Artificial Intelligence, Quebec City, 2014.

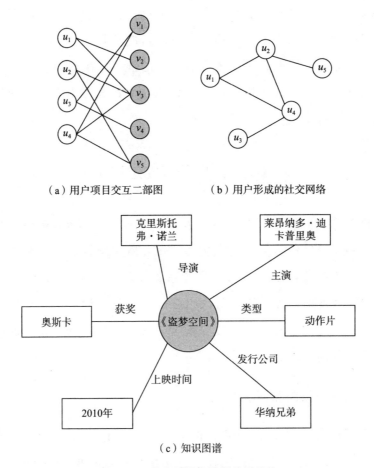

（a）用户项目交互二部图　　　　（b）用户形成的社交网络

（c）知识图谱

图 1-1　推荐系统中常见的图结构

可以挖掘关系的紧密程度，另一方面还可以捕捉到语义关系。

（3）图表示学习有助于构建具有可解释性的推荐系统

由于图表示学习具有对关系的因果推理特性，将图结构和推荐系统相融合，可以提供对推荐结果的可解释性。比如，假设用户和电影为图中的节点，用户喜爱某部电影可以用两个节点之间的边来表示，两个用户喜爱同一部电影则可以用图中的路径来表示。这些图结构中的拓扑关系和节点联通性增加了推荐的可解释性。

利用图表示学习方法来进行推荐，可以更好地处理图结构中的拓扑关系和语义特征，有效提升推荐的准确性，增强推荐的多样性和可解释性，尤其是知识图谱，含有丰富的项目信息，可以更好地刻画用户偏好。因此，基于图表示学习的推荐系统可以更好地提高推荐系统的质量，改善用户的使用体验，使其成为当下互联网领域不可缺少的技术之一。

1.2　国内外研究进展

推荐系统的兴起和互联网的发展息息相关，经过 20 多年的研究，推荐系统已经深入人们的生活。随着概率统计、人工智能等机器学习技术的不断更迭发展，推荐系统技术也从传统的概率分解、矩阵分解，逐渐向深度学习等人工智能推荐技术迈进，尤其是图表示学习，通过多维视角学习推荐系统中结构化的数据，成为推荐系统研究的前沿技术之一。

1.2.1　传统推荐系统

在传统推荐系统中，应用最广泛的是基于协同过滤的推荐技术。协同过滤的主要思想是通过建立用户和项目的交互矩阵，寻找他们之间的隐藏联系，形成相似的群组，并为相似群组推荐群组内部人员喜爱的项目。在协同过滤模型中，最常见的技术是矩阵分解技术和贝叶斯概率技术。前者主要采用矩阵分解的方法将用户和项目交互矩阵映射到低维空间，从而在低维空间挖掘用户和项目特征，典型的矩阵分解技术有 SVD 等[①]。而贝叶斯概率技

---

① 檀彦超等：《基于度量学习的多空间推荐系统》，《计算机学报》2022 年第 1 期，第 1～16 页；Yehuda Koren, "Factorization Meets the Neighborhood: A Multifaceted Collaborative Filtering Model", Proceedings of the ACM SIGKDD International Conference on Knowledge Discovery and Data Mining, Las Vegas, N. E., 2008.

术的主要思想是将 PMF 和 Dirichlet 分配相结合，对隐藏信息进行建模[①]。

　　此外，基于内容的推荐作为传统的推荐方法也得到了许多研究者的关注，它利用用户和项目之间的信息，首先提取项目的特征向量，然后将用户和项目的隐藏特征进行比较，为用户推荐相似度较高的项目。基于内容的推荐可以有效地处理文本图像类的信息，如 Yahya 等提出了基于 Web 网页文本挖掘的推荐系统[②]，Amit 等提出了基于隐反馈的图像内容推荐系统[③]。随着对推荐系统性能的要求逐渐提升，部分推荐系统将协同过滤和基于内容的推荐技术相融合，利用基于内容的推荐技术获取推荐对象的隐藏特征，然后使用用户和项目的交互历史，有效地将评分和用户信息（上下文信息或者评论内容）相结合，提高推荐质量[④]。

1.2.2　基于深度学习的推荐系统

　　自 2006 年 Hinton 等学者引入了一种训练深度模型[⑤]，2009 年

---

①　Daniel Lee, Sebastian Seung, "Learning the Parts of Objects by Non – Negative Matrix Factorization", *Nature* 401 (6755), 1999, pp. 788 – 791; Andriy Mnih, Russ Salakhutdinov, "Probabilistic Matrix Factorization", Advances in Neural Information Processing Systems, Whistler, B. C. , 2007.

②　Yahya Al Murtadha, et al. , "Improved Web Page Recommender System Based on Web Usage Mining", Proceedings of the 3rd International Conference on Computing and Informatics, Bandung, 2011.

③　Amit Kumar Jaiswal, et al. , "Information Foraging for Enhancing Implicit Feedback in Content – Based Image Recommendation", Proceedings of the 11th Annual Meeting of the Forum for Information Retrieval Evaluation, Kolkata, 2019.

④　Aysun Bozanta, Birgul Kutlu, "HybRecSys: Content – Based Contextual Hybrid Venue Recommender System", *Journal of Information Science* 45 (2), 2019, pp. 212 – 226; Robin Burke, "Hybrid Recommender Systems: Survey and Experiments", *User Modelling and User – Adapted Interaction* 12 (4), 2002, pp. 331 – 370.

⑤　Geoffrey Hinton, Simon Osindero, Yee Whye Teh, "A Fast Learning Algorithm for Deep Belief Nets", *Neural Computation* 18 (7), 2006, pp. 1527 – 1554.

Bengio 展示了深度架构系统在复杂人工智能任务中的有效性①，深度学习已经成为计算机科学中的一个热门课题，在很多领域都得到广泛应用，如自然语言处理②、机器翻译③、图像处理④。近年来，深度学习的成果极大地影响了推荐系统的研究方向。2007 年，Salakhutdinov 等提出基于深度架构系统过滤的电影推荐系统⑤。这一基础研究充分展示了利用深度学习抽取隐藏特征和关系的有效性，验证了深度学习可以有效提高推荐系统的准确性，并且能够缓解稀疏性、冷启动等问题。

深度学习在推荐系统中的技术主要分为两大类：一类是基于深度学习的隐藏特征提取模型；另一类是基于深度学习的推荐框架。

基于深度学习的隐藏特征提取模型的主要思想是利用深度学习技术去提取各种类型的辅助信息，然后加以分析。例如，卷积神经网络（Convolutional Neural Network，CNN）可以对文本、图像、视频等输入进行特征提取以获取用户或项目的隐藏特征，从而更好地刻画用户画像⑥；自编码器（Auto - Encoder，AE）在输入端对用户和项目的辅助信息进行提取，然后将这种隐藏特征在输出端进行

① Yoshua Bengio, *Learning Deep Architectures for AI* (Norwell, M. A.：Now Publishers Inc, 2009).

② Kenneth Ward Church, "Emerging Trends：Word 2 Vec", *Natural Language Engineering* 23 (1), 2017, pp. 155 – 162.

③ Yonghui Wu, et al., "Google's Neural Machine Translation System：Bridging the Gap between Human and Machine Translation", 2016, arXiv：1609. 08144.

④ Kai Zhang, et al., "Beyond a Gaussian Denoiser：Residual Learning of Deep CNN for Image Denoising", *IEEE Transactions on Image Processing* 26 (7), 2017, pp. 3142 – 3155.

⑤ Ruslan Salakhutdinov, et al., "Restricted Boltzmann Machines for Collaborative Filtering", Proceedings of the 24th International Conference on Machine Learning, Corvalis, O. R., 2007.

⑥ Lei Zheng, et al., "Joint Deep Modeling of Users and Items Using Reviews for Recommendation", Proceedings of the 10th ACM International Conference on Web Search and Data Mining, Cambridge, 2017；Donghyun Kim, et al., "Convolutional Matrix Factorization for Document Context - Aware Recommendation", Proceedings of the 10th ACM Conference on Recommender Systems, Boston, M. A., 2016.

解码，预测用户的偏好[①]。

基于深度学习的推荐框架则是利用深度学习的特征提取能力，根据用户和项目的交互历史构建推荐框架[②]。例如，循环神经网络（Recurrent Neural Network，RNN）利用对输入的序列数据进行建模来捕捉顺序信息，它通常用来处理用户行为的时间动态以及序列数据，然后使用训练好的 RNN 模型预测用户可能点击的下一个项目[③]；生成式对抗网络（Generative Adversarial Network，GAN）使用两个模块进行特征提取，基于生成式的网络学习模型和判别式的网络学习模块，生成模型捕获数据分布，在判别模型中产生观测数据进行预测[④]。

此外，深度学习的注意力机制得到了许多学者的关注。注意力机制起源于人类视觉中的聚焦能力，因而，融入注意力的深度推荐系统，可以区分不同用户和项目隐藏特征的重要性。Wang 等提出将注意力机制和卷积神经网络相结合，将专业和时间这两个隐藏特征

① Suvash Sedhain, et al. , "AutoRec: Autoencoders Meet Collaborative Filtering", Proceedings of the 24th International Conference on World Wide Web, Florence, 2015; Hao Wang, et al. , "Relational Stacked Denoising Autoencoder for Tag Recommendation", Proceedings of the National Conference on Artificial Intelligence, Austin, 2015.

② Henry Friday Nweke, et al. , "Deep Learning Algorithms for Human Activity Recognition Using Mobile and Wearable Sensor Networks: State of the Art and Research Challenges", *Expert Systems with Applications* 105, 2018, pp. 233 – 261.

③ Balázs Hidasi, et al. , "Session – Based Recommendations with Recurrent Neural Networks", 2016, arXiv: 1511. 06939; Robin Devooght, Hugues Bersini, "Collaborative Filtering with Recurrent Neural Networks", 2016, arXiv: 1608. 07400; Robin Devooght, Hugues Bersini, "Long and Short – Term Recommendations with Recurrent Neural Networks", Proceedings of the 25th Conference on User Modeling, Adaptation and Personalization, Bratislava, 2017.

④ Jun Wang, et al. , "A Minimax Game for Unifying Generative and Discriminative Information Retrieval Models", Proceedings of the 40th International ACM SIGIR Conference on Research and Development in Information Retrieval, Tokyo, 2017; Xiangnan He, et al. , "Adversarial Personalized Ranking for Recommendation", Proceedings of the 41st International ACM SIGIR Conference on Research and Development in Information Retrieval, Ann Arbor, M. I. , 2018.

加入注意力机制中，自适应地为新闻编辑分配新闻的权重①。Lin 等利用注意力机制与长短期记忆网络的记忆力模块，提取句子中不同的关键信息②。

1.2.3　基于图表示学习的推荐系统

现实社会中的大部分数据都可以构成图结构：在化学中，分子及它们的生物活性可以用图表示，从而用于药物发现；在引文网络中，论文作为节点互相联结形成图，建立索引与被索引的关系。最典型的图表示学习算法是由 Sperduti 等提出的图神经网络，主要思想是在图结构中传播节点特征和图结构信息，直到达到平衡或者既定条件③。随后，GraphSage 算法优化了用来传播特征的节点数量，降低运算的复杂度，可以使系统更快地达到平衡④。图注意力机制（Graph Attention Network，GAT）⑤ 则将图神经网络和注意力机制相结合，为节点特征在传播中的重要性分配权重。目前，基于图表示学习的推荐系统已经成为研究的热门方向之一，相比于传统的深度学习，具有更广泛的应用空间和更高的可迁移性，可以更好地利用图拓扑数据提升推荐质量⑥。

① Xuejian Wang, et al. , "Dynamic Attention Deep Model for Article Recommendation by Learning Human Editors' Demonstration", Proceedings of the 23rd ACM SIGKDD International Conference on Knowledge Discovery and Data Mining, Halifax, N. S. , 2017.

② Zhouhan Lin, et al. , "A Structured Self – Attentive Sentence Embedding", 2017, arXiv：1703. 03130.

③ Alessandro Sperduti, Antonina Starita, "Supervised Neural Networks for the Classification of Structures", *IEEE Transactions on Neural Networks* 8（3）, 1997, pp. 714 – 735.

④ Will Hamilton, Zhitao Ying, Jure Leskovec, "Inductive Representation Learning on Large Graphs", Advances in Neural Information Processing Systems 30, Long Beach, C. A. , 2017.

⑤ Petar Veličković, et al. , "Graph Attention Networks", 2017, arXiv：1710. 10903.

⑥ 王健宗等，《图神经网络综述》，《计算机工程》2021 年第 4 期，第 1 ~ 12 页。

　　本书根据图结构类型的不同对基于图表示学习的推荐系统的研究现状进行分析介绍，主要分为以下三类。

　　（1）二部图表示学习

　　二部图表示学习的主要思想是运用用户和项目的交互来增强用户的表示。传统的推荐系统通常使用矩阵分解或协同过滤技术来捕捉用户—项目交互矩阵中的隐藏特征[1]，但是这种传统技术不能处理大型图结构和捕捉图的拓扑信息。而图表示学习可以更好地模拟交互信息在二部图中的扩散过程，并且可以更有效地挖掘用户—项目的高阶交互。2018 年，GCMC 将图自编码器运用于二部图中，并且对用户和项目之间的消息传递进行建模，以刻画用户对项目的特征偏好[2]。Pinsage 结合了随机游走和 GraphSage，将图结构和节点特征信息充分结合在一起，并且成功地运用到大规模工业网络中[3]。2019 年，NGCF 使用协同过滤和图表示学习技术，开发了一个神经图协同过滤框架，运用用户偏好的项目特征传播思想，提升了推荐的准确性[4]。2020 年，IG－MC 使用目标用户、项目及其一跳邻域作为节点构造子图，然后使用 GraphSage 来进行图表示学习[5]。NIA－GCN 则在聚合时另辟蹊径，其认为现有的聚合函数无法

① Xiangnan He, et al. , "Neural Collaborative Filtering", Proceedings of the 26th International World Wide Web Conference, Perth, 2017.

② Rianne van den Berg, Thomas Kipf, Max Welling, "Graph Convolutional Matrix Completion", 2017, arXiv: 1706. 02263.

③ Rex Ying, et al. , "Graph Convolutional Neural Networks for Web－Scale Recommender Systems", Proceedings of the 24th ACM SIGKDD International Conference on Knowledge Discovery & Data Mining, London, 2018.

④ Xiang Wang, et al. , "Neural Graph Collaborative Filtering", Proceedings of the 42nd International ACM SIGIR Conference on Research and Development in Information Retrieval, Paris, 2019.

⑤ Muhan Zhang, Yixin Chen, "Inductive Matrix Completion Based on Graph Neural Networks", Proceedings of the 8th International Conference on Learning Representations, Addis Ababa, 2020.

保存邻域的关系信息，因此提出了成对邻域的聚合方法来挖掘邻域的交互信息[①]。

（2）社交网络图表示学习

社交网络属于同构图的一种，节点和边都属于同一种类型。传统推荐系统技术和深度学习都已经在社交网络推荐中得到了充分的发展。一般社交网络都会作为辅助信息加入推荐系统中，将用户—项目交互信息与社交网络中用户之间的交互相结合，以此提高推荐质量。SoRec 算法运用协同矩阵分解的方法，构建了一个由评分和社交关系组成的潜在用户特征矩阵[②]。TrustMF 建立了用户相互影响的模型，并且通过分解社交信任网络，将用户映射到两个不同的空间即信任者空间和非信任者空间分别进行学习[③]。在深度学习方面，DLMF 算法运用自解码器的方法初始化分解矩阵，并且提出了一种双阶段信任感知过程，综合用户兴趣、所信任朋友的兴趣及社区效应进行推荐[④]。DeepSoR 运用神经网络将用户的社交关系转化成概率矩阵分解，将预训练的用户进行表示学习，然后利用 k 邻接矩阵连接用户特征和神经网络[⑤]。NSCR 将神经网络和协同过滤相结合，使用池层对用户和项目进行表示学习，然后使用用户之间的差异约束

① Jianing Sun, et al. , "Neighbor Interaction Aware Graph Convolution Networks for Recommendation", Proceedings of the 43rd International ACM SIGIR Conference on Research and Development in Information Retrieval, Virtual Event, 2020.

② Hao Ma, et al. , "SoRec: Social Recommendation Using Probabilistic Matrix Factorization", Proceedings of the 17th ACM Conference on Information and knowledge Management, Napa Valley, C. A. , 2008.

③ Bo Yang, et al. , "Social Collaborative Filtering by Trust", *IEEE Transactions on Pattern Analysis and Machine Intelligence* 39（8）, 2017, pp. 1633 – 1647.

④ Shuiguang Deng, et al. , "On Deep Learning for Trust – Aware Recommendations in Social Networks", *IEEE Transactions on Neural Networks and Learning Systems* 28（5）, 2017, pp. 1164 – 1177.

⑤ Wenqi Fan, Qing Li, Min Cheng, "Deep Modeling of Social Relations for Recommendation", Proceedings of the 32nd AAAI Conference on Artificial Intelligence, New Orleans, L. O. , 2018.

连接社交领域及信息领域[①]。

而基于图表示学习的社交网络推荐利用社交网络的图结构对用户的偏好进行建模，考虑了用户的好友对用户的影响。2019年，DiffNet 利用图神经网络学习社交网络中的用户节点特征，并且平均分配本地邻域的影响，融合用户和项目的历史交互进行推荐[②]。然而，邻域对用户的影响是不同的，DiffNet++ 运用多层次图注意力网络，赋予朋友、用户历史交互项目不同的权重，从而提高了推荐的准确性[③]。同年，GraphRec 将用户和项目分别建模，使用经过图表示学习技术处理后的社交网络信息加强用户表示，然后通过多层感知器（Multi-Layer Perception，MLP）将用户矩阵和项目矩阵相结合来进行推荐[④]。2021年，HeteroGraphRec 在 GraphRec 的基础上，在项目矩阵中加入用图神经网络处理后的项目—项目交互信息，从而提高了推荐的质量[⑤]。

（3）知识图谱表示学习

知识图谱通过项目和项目属性之间的关系来更深层次地刻画项目特征。然而，知识图谱作为异构图的一种，拥有多种类型的节点和关系，使得图结构信息和隐藏的语义信息难以被捕捉。将知识图谱作为辅助信息加入用户项目交互图中进行推荐，可以丰富

① Xiang Wang, et al., "Item Silk Road: Recommending Items from Information Domains to Social Users", Proceedings of the 40th International ACM SIGIR Conference on Research and Development in Information Retrieval, Toyata, 2017.

② Le Wu, et al., "A Neural Influence Diffusion Model for Social Recommendation", Proceedings of the 42nd International ACM SIGIR Conference on Research and Development in Information Retrieval, Paris, 2019.

③ Le Wu, Yong Ge, Meng Wang, "DiffNet++: A Neural Influence and Interest Diffusion Network for Social Recommendation", *IEEE Transactions on Knowledge and Data Engineering* 34 (10), 2022, pp. 4753–4766.

④ Wenqi Fan, et al., "Graph Neural Networks for Social Recommendation", Proceedings of the World Wide Web Conference, San Francisco, C. A., 2019.

⑤ Amirreza Salamat, et al., "A Heterogeneous Graph-Based Neural Networks for Social Recommendations", *Knowledge-Based Systems* 217, 2021, No. C 0950–7051.

项目的语义，更准确地发现项目之间的相似特征，提高推荐的准确性。MKR 使用多任务学习的方式融合推荐系统和知识图谱两个框架，通过交叉压缩单元，将相互联系且高度相关的知识图谱中的实体和推荐系统中的项目进行知识共享①。而基于路径的知识图谱嵌入方法为推荐结果提供了可解释性，如 Yu 等相继提出的 HeteMF、HeteRec 和 HeteRec_p，通过提取知识图谱中的元路径，比较元路径中项目的相似度或者项目用户交互的相似度来进行推荐②。除此之外，还有一些知识图谱学习算法充分运用图神经网络传播的特点，进行图结构的学习。RippleNet 将每个用户的兴趣进行传播，这种传播像是水滴落下产生的波纹向外传播的过程③；KGAT 通过图注意力机制对节点间的高阶关系进行探索④；KNI 进一步考虑项目端邻域和用户端邻域，在学习过程中将邻域关系结合起来，进一步探索图的结构信息⑤。

① Hongwei Wang, et al. , "Multi - Task Feature Learning for Knowledge Graph Enhanced Recommendation", Proceedings of the World Wide Web Conference, San Francisco, C. A. , 2019.

② Xiao Yu, et al. , "Collaborative Filtering with Entity Similarity Regularization in Heterogeneous Information Networks", International Joint Conferences on Artificial Intelligence, China, 2013; Xiao Yu, et al. , "Recommendation in Heterogeneous Information Networks with Implicit User Feedback", Proceedings of the 7th ACM Conference on Recommender Systems, Hong Kong, 2013; Xiao Yu, et al. , "Personalized Entity Recommendation: A Heterogeneous Information Network Approach", Proceedings of the 7th ACM international Conference on Web Search and Data Mining, New York, 2014.

③ Hongwei Wang, et al. , "RippleNet: Propagating User Preferences on the Knowledge Graph for Recommender Systems", Proceedings of the 27th ACM International Conference on Information and Knowledge Management, Torino, 2018.

④ Xiang Wang, et al. , "KGAT: Knowledge Graph Attention Network for Recommendation", Proceedings of the 25th ACM SIGKDD International Conference on Knowledge Discovery & Data Mining, Anchorage, A. K. , 2019.

⑤ Yanru Qu, et al. , "An End - to - End Neighborhood - Based Interaction Model for Knowledge - Enhanced Recommendation", Proceedings of the 1st International Workshop on Deep Learning Practice for High - Dimensional Sparse Data, Anchorage, 2019.

1.3 研究问题与内容

本书主要研究基于图表示学习的推荐系统，利用不同图结构的特点，将这些图中的隐藏关系和信息作为辅助信息加入推荐系统中，运用不同的图表示学习策略，提高推荐的准确性。然而，在将图表示学习融入推荐系统时，仍面临以下几个问题和难点。

（1）不同的图结构中存在不同的关系。例如，二部图中存在用户—项目的交互关系，社交网络中存在用户—用户的交互关系，知识图谱中存在项目—项目的属性关系。这些关系一部分在图中通过节点之间的边显性地表现出来，另一部分隐藏在图结构中。比如，若电影二部图中连接用户和电影的边是显性关系，则观看过相同电影的两个用户之间存在隐性关系，即这两个用户在个人偏好方面具有较高的相似度。此外，在知识图谱中，隐藏的高阶关系对于推荐的质量同样重要，用户和项目之间的高阶关系可以由不同用户历史交互的项目特征以及交互项目之间的特征相似度来体现。如何运用图表示学习将这些隐藏的关系挖掘出来，从而提高信息的完整度，充分利用图结构的信息来提升推荐的准确性，这是本书的研究难点之一。

（2）在图表示学习算法中，邻域特征信息的聚集和传播是学习图结构信息和隐藏特征向量的途径之一。然而，在这个过程中，邻域的重要性并不相同。例如，在社交网络中，连接更紧密的用户之间的影响力更大；在知识图谱中，邻域代表不同的语义，而它们对推荐的影响也是不同的。例如，在电影的属性中，通常而言，类型的语义信息比时间的语义信息更重要。换言之，为用户推荐相同类型的电影比推荐相同时间的电影更有意义。因此，在图表示学习过程中，如何使邻域和语义的权重在学习中得到有效的分配，从而使得推荐结果更合理、更准确，也成为挑战之一。

（3）在推荐系统中，不同的辅助信息可以组成不同的图结构。因此，融入辅助信息的推荐系统包含多种类型的图结构，如融入项目属性的推荐系统同时包含知识图谱和二部图，而融入社交关系的推荐系统包含社交网络和二部图，也有可能包含知识图谱。如何将针对不同图结构的图表示学习算法在训练过程中融合起来，增加数据的多样性，更好地刻画用户偏好，从而缓解推荐系统中数据稀疏以及冷启动的问题，同样是值得研究的问题之一。

对此，本书针对 3 种不同的图结构特征提出了 4 种方法，每种方法都从不同的角度解决了上述 3 个问题。本书具体贡献如下。

（1）利用图表示学习对用户—项目交互二部图进行推荐

推荐系统中的二部图中既存在显性关系，即用户和项目之间的交互，也存在隐性关系，即同种类型节点之间的交互。用户—用户、项目—项目之间都存在这种隐性关系。而传统推荐系统更关注对显性关系的挖掘，忽略了隐性关系对用户偏好的影响。因此，本书提出基于隐性关系的二部图推荐 AIRC 算法，即一种基于二部图隐性关系学习的推荐方法。首先，对二部图中的隐性信息进行建模，构建用户隐性关系图和项目隐性关系图，并且加入用户和项目的辅助信息，使用图注意力机制对隐性关系分配权重。其次，使用图表示学习算法对显性关系建模，与隐性关系图进行联合学习。学习后的模型包含了隐性关系和显性关系的隐藏特征，同时对不同关系的影响力分配了不同的权重，提高了推荐的准确性，并且缓解了冷启动的问题。

（2）利用图表示学习将社交网络和推荐系统相融合

社交网络包含用户—用户的交互关系。由于交互频次高的用户会对彼此的选择产生一定的影响，因此这类信息可以帮助推荐系统更好地刻画用户偏好。然而，大部分推荐算法在将社交网络和交互二部图进行结合时，忽略了项目之间的内在关系。因此，本书提出基于隐性关系和社交关系融合的 SR－AIR 算法，将用户端分为社交网络、交互项目特征提取及用户隐性关系三部分,将项目端分为交互用户特征提取及项目隐性关系两部分,深度挖掘用户和项目的高阶传递关系。通过加入注意力机制的多种图表示学习对用户端和项目端进行联合学习,捕捉社交网络和隐性关系所包含的信息,从而更好地刻画用户画像和项目特征,提升推荐的准确性。

(3)利用图表示学习将知识图谱和推荐系统相融合——基于传播的方法

知识图谱包含丰富的项目特征信息,融合了多种异构数据和语义信息。将知识图谱和推荐系统中的交互二部图相融合,可以得到更加多元的隐藏特征信息。在融合了知识图谱的推荐系统中,用户—项目、项目—属性之间的交互形成了显性关系,而在挖掘图结构信息时,高阶关系也可以为推荐系统提供更多可能性:若图中作为节点的两个用户之间存在一条路径,这条路径经过图中的多个项目和项目属性节点,那么他们之间存在高阶关系,他们各自的喜好可以成为彼此推荐的选项。同时,这些高阶关系对推荐的影响和贡献也不尽相同。因此,本书针对高阶关系的挖掘提出基于双传播机制的 AKUPP 算法。一方面,挖掘用户对项目的隐藏特征偏好;另一方面,对知识图谱上的知识进行传播,挖掘项目的隐藏关系,并且在传播过程中加入权重以区别不同关系的重要性。通过这种方式,可以更好地捕捉用户偏好和知识信息,进而提高推荐的准确性。

(4)利用图表示学习将知识图谱和推荐系统相融合——基于邻域的方法

在知识图谱和用户—项目交互图相结合的推荐系统中,一个节点的邻域蕴含着项目属性和用户特征等很多信息。大部分模型在这类图中进行图表示学习时,都会过早地将邻域信息分成不同的配对。然而,这些配对进行学习时,没有考虑到多邻域之间的互动,过早将实体邻域分批激活进行训练,忽略了整体结构的共同作用;此外,邻域的重要性在语义上也各不相同，在推荐过程中的影响力也不尽相同，需要将这些语义信息进行充分挖掘和区分对待。据此，本书提出基于多任务增强的邻域推荐 MNI 算法：一是对用户邻域和项目邻域进行重构，形成邻域图，对邻域图进行图表示学习，同时加入注意力机制，为邻域分配不同的权重；二是利用邻域图和知识图谱之间的内在联系进行交替学习，将知识图谱中语义的信息和邻域图中的高阶信息相结合，进一步提高了推荐的准确性。

1.4　本书组织架构

本书共分为 7 章，图 1-2 是本书结构及主要研究内容，章节结构如下。

第 1 章：绪论。主要概述了本书的研究背景和意义，介绍了推荐系统国内外研究的现状和主要技术，分析了当前基于图表示学习的推荐系统所面临的挑战和难点，阐述了本书针对这些问题的研究内容和推荐技术。

第 2 章：推荐系统概述。简略介绍了传统推荐系统和基于深度学习的推荐系统的分类和主要技术，着重介绍了基于图表示学习的推荐系统的相关概念和主要研究成果，分析了推荐系统的评价指标。

第 3 章：基于二部图隐性关系学习的推荐系统。本章主要研究图表示学习如何直接应用在推荐系统中用户和项目的交互二部图中，同时挖掘用户之间和项目之间的隐性关系，使用图表示学习将隐性关系和交互显性关系相融合进行推荐。

第 4 章：基于社交网络图表示学习的推荐系统。本章主要研究如何使用图表示学习技术将社交网络图和推荐系统二部图相融合，在学习过程中加入对社会关系和隐性关系的考虑。

第 5 章：基于传播的知识图谱推荐系统。本章研究将知识图谱与推荐系统二部图相融合的方法，使用双传播机制对用户的项目偏好与知识图谱的高阶关系进行传播学习。

第 6 章：基于邻域的知识图谱推荐系统。本章研究了从邻域方面将知识图谱和推荐系统相融合的方法，使用多任务学习方式对邻域关系和语义信息进行学习。同时，对本书提出的 4 种方法进行了特点比较和分析。

第 7 章：总结与展望。本章对全书进行总结，并且分析了未来的研究方向以及内容。

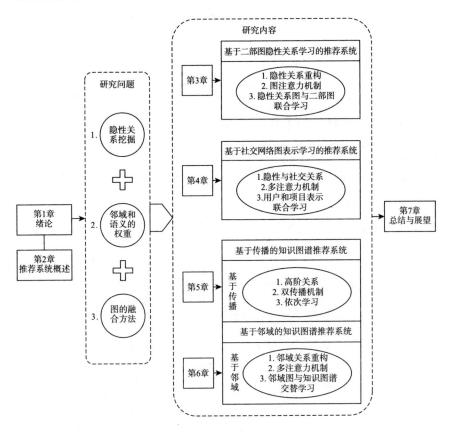

图 1-2　本书结构与研究内容

第 2 章

推荐系统概述

2.1　引言

　　自 20 世纪 90 年代中期出现对推荐系统的研究后，推荐系统就成为一个重要的研究领域[1]。在过去的几十年间，学术界和产业界都为了提高推荐系统的准确性付出了巨大努力。例如，YouTube 视频分享平台需要基于当前用户所观看的视频来判断其偏好，并将其可能感兴趣的视频进行排序后推荐给用户[2]；淘宝在线购物平台需要根

---

① Will Hill, et al., "Recommending and Evaluating Choices in a Virtual Community of Use", Proceedings of the Conference on Human Factors in Computing Systems, Morristown, N. J., 1995; Upendra Shardanand, Pattie Maes, "Social Information Filtering: Algorithms for Automating 'Word of Mouth'", Proceedings of the SIGCHI Conference on Human Factors in Computing Systems, Cambridge, 1995; Paul Resnick, et al., "GroupLens: An Open Architecture for Collaborative Filtering of Netnews", Proceedings of the 1994 ACM Conference on Computer Supported Cooperative Work, New York, 1994.

② Paul Covington, et al., "Deep Neural Networks for Youtube Recommendations", Proceedings of the 10th ACM Conference on Recommender Systems, Boston, M. A., 2016; Zhe Zhao, et al., "Recommending What Video to Watch Next: A Multi - Task Ranking System", Proceedings of the 13th ACM Conference on Recommender Systems, Copenhagen, 2019; Jiaqi Ma, et al., "SNR: Sub - Network Routing for Flexible Parameter Sharing in Multi - Task Learning", Proceedings of the AAAI Conference on Artificial Intelligence, Honolulu, Hawaii, 2019.

据用户购买、浏览商品的记录为其提供感兴趣的商品，快速地根据用户偏好提供推荐列表[①]。然而，当前大部分推荐系统仍然面临数据稀疏性和冷启动的问题。数据稀疏性指的是在推荐系统中，用户和项目交互的数量远小于用户和项目单独的数量，因此在用户—项目交互矩阵中大部分数据是缺失的。淘宝数据显示，淘宝注册用户及商品数量均已破亿，而平均每个用户能浏览到的商品仅有约 800 件，稀疏度在万分之一以下。而冷启动问题分为用户冷启动和项目冷启动[②]。用户冷启动是指因为新用户的出现，系统内缺少用户交互过的项目信息，因而难以刻画用户偏好。项目冷启动主要发生在项目刚加入系统时，没有足够的用户对这个项目产生兴趣，并且缺乏相似的项目来刻画项目属性，无法和用户行为产生关联，从而不能准确地进行推荐。

解决数据稀疏性和冷启动的问题有以下有效的方法：一种方法是通过主动学习，智能地获取用户的喜好[③]，比如为用户推荐当前热门的项目来了解用户的偏好；另一种方法是在推荐过程中加入辅助信息，如使用用户的行为数据、项目属性信息、上下文信息及用户

① Jizhe Wang, et al., "Billion – Scale Commodity Embedding for E – Commerce Recommendation in Alibaba", Proceedings of the 24th ACM SIGKDD International Conference on Knowledge Discovery & Data Mining, London, 2018; Han Zhu, et al., "Learning Tree – Based Deep Model for Recommender Systems, Proceedings of the 24th ACM SIGKDD International Conference on Knowledge Discovery & Data Mining, London, 2018; Menghan Wang, et al., "M2GRL: A Multi – Task Multi – View Graph Representation Learning Framework for Web – Scale Recommender Systems", Proceedings of the 26th ACM SIGKDD International Conference on Knowledge Discovery & Data Mining, Virtual Event, C. A., 2020.

② Andrew Schein, et al., "Methods and Metrics for Cold – Start Recommendations", Proceedings of the 25th Annual International ACM SIGIR Conference on Research and Development in Information Retrieval, Tampere, 2002.

③ Mehdi Elahi, et al., "A Survey of Active Learning in Collaborative Filtering Recommender Systems", Computer Science Review 20, 2016, pp. 29 – 50.

的社交信息等①。随着深度学习和图表示学习的快速发展，这些辅助信息得以更好地被挖掘并且融入推荐系统中，在很大程度上缓解了数据稀疏性和冷启动的问题，并且提高了推荐质量。

本章主要对推荐系统进行概述，2.2 节对传统推荐系统和基于深度学习的推荐系统进行分类和介绍，2.3 节主要介绍基于图表示学习的推荐系统，2.4 节介绍推荐系统常用的评价指标。

2.2　传统推荐系统和基于深度学习的推荐系统

一般而言，推荐系统是用来预测用户对项目的评分或偏好，这种预测通常基于该用户对其他项目的评分以及项目的其他属性信息。因此，一旦系统确定用户对尚未评分项目的喜爱程度，就可以向用户推荐评分最高的项目。理论上，假设 U 是所有用户的集合，V 是所有项目的集合，令 f 为效用函数，用来测量用户对项目可能的喜欢程度，那么推荐系统可以定义为，对于用户 $u \in U$，选出 k 个项目 $v \in V$，将用户的喜爱程度最大化：

$$\forall u \in U, \ v_u^k = \arg \max f(u, v) \tag{2-1}$$

其中，用户的各种特征可以用来帮助描述用户画像，如年龄、工作、朋友圈、性别等。同样，项目也可以由项目特征来定义，如电影导演、演员、类型等。这些信息作为辅助信息加入推荐系统，可以更好地刻画用户及项目的特征，从而提升推荐的质量。

---

① Yue Shi, et al., "Collaborative Filtering Beyond the User – Item Matrix: A Survey of the State of the Art and Future Challenges", *ACM Computing Surveys* 47 (1), 2014, pp. 1 – 45; Matthias Braunhofer, Mehdi Elahi, Francesco Ricci, "User Personality and the New User Problem in a Context – Aware Point of Interest Recommender System", Information and Communication Technologies in Tourism 2015, Lugano, 2015; Quan Wang, et al., "Knowledge Graph Embedding: A Survey of Approaches and Applications", *IEEE Transactions on Knowledge and Data Engineering* 29 (12), 2017, pp. 2724 – 2743.

接下来，本节将分别介绍传统推荐系统和基于深度学习的推荐系统。其中，传统推荐系统根据推荐方法主要分为基于内容的推荐系统和基于协同过滤的推荐系统[①]；基于深度学习的推荐系统主要有基础神经网络和混合推荐系统[②]。

2.2.1　基于内容的推荐系统

基于内容推荐的核心思想是根据用户的历史交互行为，计算项目的相似度[③]，然后向用户推荐相似度较高的项目。基于内容推荐的重点在于如何刻画用户画像及提取项目特征，在此过程中，添加辅助信息可以提高特征提取的准确性，因此，基于内容的推荐大部分用于文本类信息的推荐[④]。首先，假设 *Content*（*V*）为项目特征集合，通常是由项目特征提取而来，采用空间向量模型[⑤]或 Word 2Vec[⑥] 等技术，对项目进行特征向量建模。其次，对用户画像进行建模 *Content Based Profile*（*U*），用户画像可以由用户喜爱的项目集合的特征向量

① Gediminas Adomavicius, Alexander Tuzhilin, "Toward the Next Generation of Recommender Systems：A Survey of the State – of – the – Art and Possible Extensions", *IEEE Transactions on Knowledge and Data Engineering* 17（6），2005，pp. 734 – 749.

② Shuai Zhang, et al., "Deep Learning Based Recommender System：A Survey and New Perspectives", *ACM Computing Surveys* 52（1），2019，pp. 1 – 38.

③ Santosh Kabbur, et al., "FISM：Factored Item Similarity Models for Top – N Recommender Systems", Proceedings of the ACM SIGKDD International Conference on Knowledge Discovery and Data Mining, Chicago, I. L., 2013；Weiyu Guo, et al., "Adaptive Pairwise Learning for Personalized Ranking with Content and Implicit Feedback", Proceedings of the IEEE/ WIC/ACM International Joint Conference on Web Intelligence and Intelligent Agent Technology, Singapore, 2016.

④ Tommaso Di Noia, et al., "Linked Open Data to Support Content – Based Recommender Systems", Proceedings of the 8th International Conference on Semantic Systems, Graz, 2012；Michael Pazzani, Daniel Billsus, "Learning and Revising User Profiles：The Identification of Interesting Web Sites", *Machine Learning* 27（3），1997，pp. 313 – 331.

⑤ Ricardo Baeza-Yates, Berthier Ribeiro-Neto, *Modern Information Retrieval*（New York：ACM Press, 1999）.

⑥ Kenneth Ward Church, "Emerging Trends：Word 2Vec", *Natural Language Engineering* 23（1），2017，pp. 155 – 162.

来表示，通常可以使用信息检索中的关键字分析技术来构建，如取平均值[①]。基于内容的推荐系统中效用函数可以定义为：

$$f(u,v) = score[\,Content\ Based\ Profile(u)\,,Content(s)\,] \qquad (2-2)$$

因此，基于内容的推荐系统的关键技术之一就是如何定义 $score$（·）函数。常见方法有相似度计算、贝叶斯分类器[②]及机器学习技术[③]。这种推荐系统简单且易于实现，但仍存在以下几个问题。

（1）基于内容的推荐系统主要依赖项目特征提取的准确性，所用的方法大部分是信息检索中的文字分析技术，无法处理多元化的数据类型，如图像和声音等。另一方面，项目特征的完整性也对项目建模效果有重要影响，如果项目特征不够全面，项目侧写会变得模糊不清，难以区分。

（2）推荐的内容过度专业化，只能推荐与用户交互过的项目相似的类型，缺少推荐的多样性。

（3）基于内容的推荐主要面临冷启动的问题，尤其是对于新用户，由于没有用户的交互历史，难以进行可靠的推荐。

2.2.2　基于协同过滤的推荐系统

基于协同过滤的推荐系统（Collaborative Filtering，CF）仍然是当前推荐系统领域热门的研究内容。不同于基于内容的推荐，基于

① Marko Balabanović, Yoav Shoham, "Content – Based, Collaborative Recommendation", *Communications of the ACM* 40（3），1997，pp. 66 – 72；Ken Lang, "Newsweeder：Learning to Filter Netnews", Proceedings of the 12th International Conference on Machine Learning，Tahoe，1995.

② Raymond Mooney, Paul Bennett, Loriene Roy, "Book Recommending Using Text Categorization with Extracted Information", Recommender Systems Papers from 1998 Workshop, Technical Report WS – 98 – 08, Madison, W. I. , 1998.

③ Michael Pazzani, Daniel Billsus, "Learning and Revising User Profiles：The Identification of Interesting Web Sites", *Machine Learning* 27（3），1997，pp. 313 – 331.

协同过滤的推荐主要根据用户与项目的交互记录来完成个性化推荐，其优点在于能为用户推荐与其相似的其他用户所喜爱的项目，从而增加推荐的新颖性。其中，用户—项目、用户—用户、项目—项目相似度的计算是生成推荐列表的重点，计算相似度的方法有 Cosine 相似度、Jaccard 系数、皮尔逊相关系数等。

基于协同过滤的推荐系统主要分为两类：基于内存的协同过滤推荐系统和基于模型的协同过滤推荐系统。其中，基于内存的协同过滤推荐系统主要有面向用户和面向项目两种类型。

2.2.2.1　面向用户的协同过滤推荐系统

面向用户的协同过滤推荐系统，主要是根据用户的历史交互信息，计算用户之间的相似度，分析用户偏好，并且在用户特征嵌入时将相似用户聚合成为邻域，从而向用户推荐邻域用户所喜爱的项目。主要步骤可以分解如下：

（1）根据用户的历史点击行为，建立用户—项目交互矩阵；

（2）根据建立的用户—项目矩阵，利用相似度计算用户之间偏好的相近程度；

（3）挑选出与目标用户最相似的 K 个用户；

（4）在 K 个用户中选出评分最高的项目，如果目标用户没有点击或者评价这些项目，则这些项目可以成为该目标用户的推荐列表。

2.2.2.2　面向项目的协同过滤推荐系统

与面向用户的协同过滤推荐系统不同，面向项目的协同过滤推荐系统更倾向于计算项目之间的相似度，从而发现用户的隐藏偏好[①]。如果用户表现出对某一商品的偏好，那么很有可能会喜好具有相似特性的商品。因此，该类算法的核心在于计算项目之间的相似

---

① Badrul Sarwar, et al. , "Item – Based Collaborative Filtering Recommendation Algorithms", Proceedings of the 10th International Conference on World Wide Web, Hong Kong, 2001.

度。具体步骤如下：

（1）根据用户的历史点击行为，建立用户—项目交互矩阵；

（2）根据建立的用户—项目矩阵，利用相似度计算项目之间的相近程度；

（3）挑选出目标用户最喜爱的项目；

（4）选出 K 个最相似的项目，组成该目标用户的推荐列表。

可以看出，基于内存的推荐系统主要依赖用户—项目交互矩阵和相似度计算，因此，这种算法主要面临以下几个问题：

（1）用户和项目的数目过大，导致用户—项目矩阵过于稀疏，需要耗费大量内存来储存和计算，增加了模型的时间与空间复杂度，难以进行推荐；

（2）推荐的内容缺乏多样性，尤其是面向项目的协同过滤推荐，只有同类型或流行度较高的项目才有可能被推荐给用户，导致推荐结果窄化；

（3）对于新用户和新项目，由于无法找到相似用户或项目，难以进行推荐，因此需要额外的冷启动策略。

2.2.2.3　基于模型的协同过滤推荐系统

基于内存的协同过滤推荐系统主要根据用户对项目的评分来计算相似度并进行推荐，而基于模型的协同过滤推荐系统主要是对用户和项目的特征进行建模，然后对模型进行训练，再将目标用户输入预测模型，从而得到推荐列表。常见的推荐模型有聚类[1]、隐语义分析[2]、

[1]　John Breese, David Heckerman, Carl Kadie, "Empirical Analysis of Predictive Algorithms for Collaborative Filtering", 2013, arXiv: 1301.7363; Mark Claypool, et al., "Combining Content – Based and Collaborative Filters in an Online Newspaper", Proceedings of ACM SIGIR Workshop on Recommender Systems, New York, 1999.

[2]　Thomas Hofmann, "Collaborative Filtering Via Gaussian Probabilistic Latent Semantic Analysis", Proceedings of the SIGIR Forum (ACM Special Interest Group on Information Retrieval), Toronto, 2003; Luo Si, Rong Jin, "Flexible Mixture Model for Collaborative Filtering", Proceedings of the 20th International Conference on Machine Learning, Washington D.C., 2003.

马可夫决策链①等。其中，隐语义分析是将用户—项目矩阵进行分解，通过降维分解后的矩阵包含用户和项目的隐藏特征，以此发现用户偏好。这一类算法运用比较多的有矩阵分解②、概率矩阵分解③及因子分解机④等。

基于模型的协同过滤推荐系统通过对用户和项目进行建模来获取他们的隐藏特征，这种方式可以有效地缓解数据稀疏性的问题。然而，一部分模型的构建成本较高，使得其可扩展性较低；此外，基于模型的协同过滤推荐系统使用降维的方式对用户偏好进行分析，导致一部分推荐信息缺失，影响推荐的准确性。

2.2.3　基于深度学习的推荐系统

近年来，人工神经网络由于其独特的优点引起了人们的广泛关注，研究人员通过建立深层训练模型进一步促进了深度学习的发展⑤。深度学习最大的优点是可以提取隐藏特征和关系，提高推荐的准确性，并且缓解推荐系统中常见的冷启动、数据稀疏性问题。常见的深度学习模型有自编码器、卷积神经网络、循环神经网络、注意力机制等。

在自编码器中，最具代表性的是 AutoRec 算法⑥，通过无监督学

---

①　Guy Shani, et al. , "An MDP – Based Recommender System", *Journal of Machine Learning Research* 6 (9), 2005, pp. 1265 – 1295.

②　Yehuda Koren, Robert Bell, Chris Volinsky, "Matrix Factorization Techniques for Recommender Systems", *Computer* 42 (8), 2009, pp. 30 – 37.

③　Hao Ma, et al. , "SoRec: Social Recommendation Using Probabilistic Matrix Factorization", Proceedings of the 17th ACM Conference on Information and Knowledge Management, Napa Valley, C. A. , 2008.

④　Steffen Rendle, "Factorization Machines", Proceedings of the IEEE International Conference on Data Mining, Sydney, 2010.

⑤　Geoffrey Hinton, Simon Osindero, Yee Whye Teh, "A Fast Learning Algorithm for Deep Belief Nets", *Neural Computation* 18 (7), 2006, pp. 1527 – 1554; Yoshua Bengio, *Learning Deep Architectures for AI* (Norwell, M. A. : Now Publishers Inc. , 2009).

⑥　Hao Wang, Xingjian Shi, Dit Yan Yeung, "Relational Stacked Denoising Autoencoder for Tag Recommendation", Proceedings of the National Conference on Artificial Intelligence, Austin, 2015.

习模型和反向传播算法，预测用户对项目的评分，达到推荐的目的。AutoRec 的输入为用户—项目交互矩阵中的用户一行或者是项目一列，计算输入和输出的损失来训练优化模型。自编码器将信息输入神经网络，通过对神经元个数的调整，控制输入信息降维后的信息保留度，并且根据这些隐藏信息来进行推荐。

卷积神经网络的优势在于处理无结构信息，通过局部连接和共享权值的方式，降低深度学习的复杂度。卷积神经网络的网络结构主要包括卷积层、池化层以及全连接层，每个神经元都用于提取用户及项目特征，得到用户偏好，从而进行推荐。一方面，卷积神经网络可以用来处理文本、图像等辅助信息，如 Lei Zheng 等使用两个并行的卷积神经网络分析评论的文本信息，以此建立用户行为和项目特征的模型，从而进行推荐。[①] Ruining He 和 Julian McAuley 则使用卷积神经网络学习图像的特征矩阵，并且使用矩阵分解的算法进行个性化推荐[②]。另一方面，卷积神经网络和协同过滤相结合可以提高推荐质量。He 等提出 ConvNCF[③]，将卷积神经网络用于特征交叉层，从而减少嵌入层参数的数量。

循环神经网络更利于处理序列类型的数据，如用户的搜索历史，近期的搜索记录会更加真实地反映用户的当前需求。循环神经网络最大的特点就是在层之间的神经元中建立了权重连接，再通过反向传播训练模型。其中，长短期记忆网络（Long Short - Term Memory，LSTM）是循环神经网络中最常见的变体，循环神经网络只能记录短

① Lei Zheng, et al. , "Joint Deep Modeling of Users and Items Using Reviews for Recommendation", Proceedings of the Tenth ACM International Conference on Web Search and Data Mining, Cambridge, 2017.

② Ruining He, Julian McAuley, "VBPR: Visual Bayesian Personalized Ranking from Implicit Feedback", Proceedings of the 30th AAAI Conference on Artificial Intelligence, Phoenix, A. Z. , 2016.

③ Xiangnan He, et al. , "Outer Product - Based Neural Collaborative Filtering", 2018, arXiv: 1808. 03912.

期记忆，而 LSTM 通过门控制的方法能在短期记忆和长期记忆之间找到平衡。Wu 等利用循环神经网络设计了基于会话的推荐系统，根据用户的点击历史预测用户下一个可能购买的商品①。循环神经网络可利用两个 LSTM 模拟动态用户的状态和项目，并且加入静态特征，从而进行评分预测②。同时，循环神经网络也可以用来处理辅助信息，如 Bansal 等利用循环神经网络处理文本序列，这个混合模型在一定程度上缓解了冷启动的问题③。

　　注意力机制可以从原始输入中过滤掉信息量不足的特征，减少噪声数据的影响。在一般情况下，注意力机制和其他神经网络可以结合在一起进行推荐。比如，带有注意力机制的卷积神经网络可以捕捉输入数据的重要信息④，为神经元分配不同的权重进行训练，给予隐藏特征不同的重要性。Li 等将注意力机制和 LSTM 相结合来捕获序列属性，以此识别微博中有用的信息⑤。此外，大量用于 Google 机器翻译模型的自注意力机制（Self – Attention Mechanism）引起了极大的关注⑥，研究者将它应用于推荐系统中，证明自注意力机制可以大幅提升推荐质量。自注意力机制关注的是两个序列之间的协作学习以及自

① Sai Wu, et al., "Personal Recommendation Using Deep Recurrent Neural Networks in Netease", Proceedings of the 32nd International Conference on Data Engineering, Helsinki, 2016.
② Chao Yuan Wu, et al., "Recurrent Recommender Networks", Proceedings of the 10th ACM International Conference on Web Search and Data Mining, Cambridge, 2017.
③ Trapit Bansal, et al., "Ask the Gru: Multi – Task Learning for Deep Text Recommendations", Proceedings of the 10th ACM Conference on Recommender Systems, Boston, M. A., 2016.
④ Sungyong Seo, et al., "Representation Learning of Users and Items for Review Rating Prediction Using Attention – Based Convolutional Neural Network", Proceedings of the International Workshop on Machine Learning Methods for Recommender Systems, Houston, T. X., 2017.
⑤ Yang Li, et al., "Hashtag Recommendation with Topical Attention-Based LSTM", Proceedings of the 26th International Conference on Computational Linguistics: Technical Papers, Osaka, 2016.
⑥ Ashish Vaswani, et al., "Attention Is All You Need", Proceedings of the Advances in Neural Information Processing Systems 30, Long Beach, C. A., 2017.

我匹配，如 Zhang 等提出 AttRec 模型，运用自注意力机制分析用户的最近动态，学习用户的短期意图，然后使用协作度量学习对用户的长期偏好进行建模[①]。Zhou 等利用自注意力机制对用户的异构行为进行建模，并且证明了注意力机制在序列推荐任务中的有效性[②]。

总而言之，基于深度学习的推荐系统具有以下几点优势。

（1）非线性变换：深度学习使用 ReLU、Sigmoid、Tanh 等函数，可以对数据中的非线性行为进行建模。而传统推荐系统运用的方法，如矩阵分解技术只能将用户和项目的隐藏特征用线性的方法结合起来。因此，深度学习可以更好地处理复杂的交互行为，更准确地找出用户偏好。

（2）表示学习：在现实社会存在大量关于用户和项目的描述性信息，将这些信息作为辅助信息可以更准确地对项目和用户进行侧写，从而得到更好的推荐。深度学习一方面可以有效地处理这些辅助信息（文本、图像、音频、视频等），另一方面可以使用无监督学习的方式自动学习这些特征，减少了很多人力。

（3）序列建模：循环神经网络和卷积神经网络的特性使得深度学习在序列建模推荐中占有重要地位。序列建模可以为用户推荐下一个其可能点击的商品，也可以进行实时的动态推荐。

2.3 基于图表示学习的推荐系统

基于深度学习的推荐系统尽管可以有效地处理用户和项目的隐藏特征，但是只能处理欧几里得式的数据模式，如图像、文本等。

---

① Shuai Zhang, et al., "Next Item Recommendation with Self-Attention", 2018, arXiv: 1808.06414.

② Chang Zhou, et al., "ATRank: An Attention – Based User Behavior Modeling Framework for Recommendation", Proceedings of the 32nd AAAI Conference on Artificial Intelligence, New Orleans, L. O., 2018.

然而，在实际中，大部分数据存在相互关联，形成图结构。例如，在电子商务中，用户和商品可以成为图中的节点，他们之间的连线可以成为购买信息；在生物中，神经元可以相连成为神经网络；在社交中，用户可以相互关注形成朋友圈；在引文网络中，论文可通过引文系统相连接，成为知识图谱。

图表示学习的基本思想是将图中每一个节点通过学习得到一个低维的嵌入表示，称为节点的特征向量或嵌入表示，并确保这个向量包含它们在图中的位置信息以及局部图中邻域的结构信息（见图 2-1）。早期的图表示学习方法一般是基于分解的方法，通过将描述图结构信息的矩阵进行分解，将节点的特征向量转化到低维空间。这种方法在很大程度上依赖矩阵分解的结果，具有很高的空间和时间复杂度。近年来，随着词向量在自然语言处理方面的应用，随机游走方法也相继运用到图表示学习中。这些方法将在图中随机游走的序列看作句子，将节点看作词向量，从而得出最后的节点特征向量。但是这种方法不能完全使用图结构，而是将图转化为序列，这就损失了一部分拓扑信息。另一种方法也是使用最广泛的图表示学习方法是图神经网络，它可以利用图结构信息和语义信息，更完整地描述节点特征。

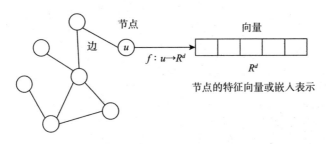

图 2-1　图中的节点或者边映射（嵌入）为特征向量

本节将首先介绍图表示学习常见的方法：随机游走、矩阵分解及图神经网络。其次，鉴于本书的研究内容主要针对图结构中的二

31

部图、社交网络和知识图谱，因此本节将着重描述应用于这3种图结构的图表示学习方法及当前典型算法。

2.3.1 图表示学习常见方法

2.3.1.1 随机游走

基于随机游走的推荐系统可以广泛应用于各种图结构，通过转移概率及图中的路径捕捉节点之间的联系。基于随机游走的推荐系统首先在用户或项目作为节点的图中进行指向的遍历，且每一步游走都按照预定义的转移概率进行，这样就可以对用户和项目之间隐藏的交互偏好进行建模，最后按照随机游走在特定步骤后降落到不同节点上的概率进行排序，从而得到推荐列表。随机游走在同构图推荐系统中得到了广泛的应用。Baluja 等提出对用户共同看过的视频的图结构进行随机游走，从而对用户进行视频推荐[①]；Bagci 等针对社交网络提出重启的随机游走，捕捉两个节点之间多方面的关系，为用户推荐可能的好友[②]；Eksombatchai 等在 2018 年提出 Pixie 模型，运用随机游走对项目图进行探索，实时为用户推荐其可能感兴趣的话题[③]。除此之外，随机游走也可以为异构图提供推荐，但是需要修改转移概率来应对不同属性的节点。例如，RecWalk 区分了二部图中的用户和项目节点，分别定义转移概率，从而决定随机游走的下一步节点[④]；

① Shumeet Baluja, et al., "Video Suggestion and Discovery for YouTube: Taking Random Walks through the View Graph", Proceeding of the 17th International Conference on World Wide Web 2008, Beijing, 2008.

② Hakan Bagci, Pinar Karagoz, "Context – Aware Friend Recommendation for Location Based Social Networks Using Random Walk", Proceedings of the 25th International Conference on World Wide Web, Montreal, 2016.

③ Chantat Eksombatchai, et al., "Pixie: A System for Recommending 3 + Billion Items to 200 + Million Users in Real – Time", Proceedings of the World Wide Web Conference, Lyon, 2018.

④ Athanasios Nikolakopoulos, George Karypis, "RecWalk: Nearly Uncoupled Random Walks for Top – N Recommendation", Proceedings of the 12th ACM International Conference on Web Search and Data Mining, Melbourne, 2019.

HeRec 针对异构图的结构特点，首先在元路径的基础上使用随机游走生成节点序列，然后使用矩阵分解进行预测[1]。

Node 2Vec 和 DeepWalk 开启了 2Vec 系列算法的研究。DeepWalk 对图结构进行随机游走，然后使用 Skip - Gram 学习节点特征向量，从而进行推荐[2]。Node 2Vec 进一步扩展随机游走方式，设置了两个参数来控制游走过程中深度与宽度的平衡。这两种方法都关注了顶点的一阶邻近信息[3]。Tang 等提出 LINE 模型，适用于大型图的随机游走，并且包含了顶点的一阶和二阶邻近信息[4]。

然而，Node 2Vec 等只适用于同构图，即图中节点和关系的类型只有一种。对于知识图谱等异构图来说，随机游走策略需要做出相应的改变。KG 2Vec 针对知识图谱的结构特点，对项目、项目属性定义转移概率，从而实现基于知识图谱的推荐[5]。Wang 和 Cohen 提出了一种结合信息抽取和知识图谱的递归随机游走方法，深入挖掘文本的潜在语境，使模型得到了进一步的改进[6]。HIN 2Vec 针对异构图的表示学习框架，一方面最大化节点相关性的预测值，另一方

① C. Shi, et al., "Heterogeneous Information Network Embedding for Recommendation", *IEEE Transactions on Knowledge and Data Engineering* 31 (2), 2019, pp. 357 – 370.

② Bryan Perozzi, et al., "DeepWalk: Online Learning of Social Representations", Proceedings of the 20th ACM SIGKDD International Conference on Knowledge Discovery and Data Mining, New York, 2014.

③ Aditya Grover, Jure Leskovec, "Node 2Vec: Scalable Feature Learning for Networks", Proceedings of the ACM SIGKDD International Conference on Knowledge Discovery and Data Mining, San Francisco, C. A., 2016.

④ Jian Tang, et al., "LINE: Large – Scale Information Network Embedding", Proceedings of the 24th International Conference on World Wide Web, Florence, 2015.

⑤ Yue Qun Wang, et al., "KG 2Vec: A Node 2Vec – Based Vectorization Model for Knowledge Graph", *PLOS ONE* 16 (3), 2021, pp. e0248552.

⑥ William Yang Wang, William Cohen, "Joint Information Extraction and Reasoning: A Scalable Statistical Relational Learning Approach", Proceedings of the 53rd Annual Meeting of the Association for Computational Linguistics and the 7th International Joint Conference on Natural Language Processing, Beijing, 2015.

面学习节点和关系的嵌入表示，从而进行链接预测以达到推荐的目的[①]。Metapath 2Vec 通过定义元路径的方式指导随机游走的类型路径，确保异构的 Skip – Gram 含有节点的语义信息，得到节点嵌入，从而达到推荐的目的[②]。

随机游走方法虽然广泛应用，但是对于大型图来说，随机游走的每一步都需要存储当前状态，会占用大量内存，导致效率较低。同时，随机游走方法是将图转化为序列集合，丢失了一部分图结构信息，影响了推荐的准确性。

2.3.1.2 矩阵分解

矩阵分解方法通常是使用一个矩阵来表示图的特征，如顶点邻近性矩阵、拉普拉斯矩阵，并且通过矩阵分解的方式实现节点嵌入，即映射到低维空间。矩阵分解的输入一般是以图表示的非相关高维数据，输出是一组节点的嵌入向量，这些向量可以经过相似度比对等方法完成推荐的任务。目前，主要有两种矩阵分解的方法：图拉普拉斯矩阵分解以及顶点邻近性矩阵分解。前者可以利用元路径进行矩阵分解，适用于处理异构图，后者可以从非关系数据中学习图的结构，适用于处理同构图。Yan 等对图拉普拉斯矩阵分解框架进行了构思[③]；Cai 等加入辅助信息，对邻接矩阵进行分解[④]；Zheng 等

① Tao Yang Fu, et al., "HIN 2Vec: Explore Meta – Paths in Heterogeneous Information Networks for Representation Learning", Proceedings of the Conference on Information and Knowledge Management, Singapore, 2017.

② Yuxiao Dong, et al., "Metapath 2Vec: Scalable Representation Learning for Heterogeneous Networks", Proceedings of the ACM SIGKDD International Conference on Knowledge Discovery and Data Mining, Washington D. C., 2017.

③ Shuicheng Yan, et al., "Graph Embedding and Extensions: A General Framework for Dimensionality Reduction", *IEEE Transactions on Pattern Analysis and Machine Intelligence* 29 (1), 2007, pp. 40 – 51.

④ Deng Cai, et al., "Spectral Regression: A Unified Subspace Learning Framework for Content – Based Image Retrieval", Proceedings of the ACM International Multimedia Conference and Exhibition, New York, 2007.

提出 GCFM，建立特征关系图，并且用矩阵分解的方式进行评分预测[①]；Ahmed 等试图通过图分区的方法减少邻域，然后利用图分解的方法解决可伸缩性的问题[②]。

　　然而，当矩阵分解方法在应对规模较大的交互矩阵时，需要消耗大量内存来储存数目庞杂的低维矩阵，这就增加了训练的难度。另一方面，矩阵分解方法不适用于训练过程中的有监督或半监督任务。

2.3.1.3　图神经网络

　　图神经网络（Graph Neural Network，GNN）作为图表示学习中最常用的方法，可以有效地从图中学习结构信息及各种辅助信息。图神经网络的主要思想是通过迭代的方式将邻域特征聚合，并在信息传播过程中，通过聚类器合并节点自身与邻域的特征[③]。从网络结构上分析，图神经网络就是多个传播层叠加在一起，每层包括聚合和更新两种操作：聚合指的是将邻域的信息集合在一起成为邻域表示；更新指的是将节点嵌入表示和聚合的邻域表示组合在一起成为新的节点嵌入表示；更新和聚合的结合达到了信息传播的目的。在聚合的过程中，一部分研究采用平均方法对邻域进行聚合[④]，还有一部分研究使用注意力机制区分不同邻域的重要性[⑤]。在更新环节，为了适应不同的图，将邻域和当前节点结合的方式有门控制循环单

①　Yongsen Zheng, et al. , "Graph – Convolved Factorization Machines for Personalized Recommendation", *IEEE Transactions on Knowledge and Data Engineering* 35 （2）, 2023, pp. 1567 – 1580.

②　Amr Ahmed, et al. , "Distributed Large – Scale Natural Graph Factorization", Proceedings of the 22nd International Conference on World Wide Web, Rio de Janeiro, 2013.

③　Zonghan Wu, et al. , "A Comprehensive Survey on Graph Neural Networks", *IEEE Transactions on Neural Networks and Learning Systems* 32 （1）, 2021, pp. 4 – 24.

④　Will Hamilton, Zhitao Ying, Jure Leskovec, "Inductive Representation Learning on Large Graphs", Proceedings of the Advances in Neural Information Processing Systems 30, Long Beach, C. A. , 2017.

⑤　Petar Veličković, et al. , "Graph Attention Networks", 2017, arXiv：1710. 10903.

元[①]、非线性变换[②]及求和运算[③]等。

根据图神经网络的结构，可以将图神经网络主要分为循环图神经网络（Recurrent GNN）、卷积图神经网络（Convolutional GNN）及图自编码器（Graph Auto - Encoder，GAE）。循环图神经网络旨在学习具有循环神经网络结构的节点表示，即在节点上重复运用相同的参数集合。卷积图神经网络在堆叠的每一层传播中都有不同的参数。由于卷积神经网络可以与其他神经网络自由组合，因此近年来得到了很大的关注。图自编码器主要用于无监督的学习。

最常用的图神经网络有以下几种。

（1）GCN 近似于计算图的一阶特征分解，并且用迭代的方式聚集来自邻域的信息[④]。GCN 通过下列公式进行更新操作：

$$H^{l+1} = \delta(\tilde{D}^{-\frac{1}{2}} \tilde{A} \tilde{D}^{-\frac{1}{2}} H^l W^l) \tag{2-3}$$

其中，$\delta(\cdot)$ 是非线性激活函数，如 ReLU、Sigmoid 等，W^l 是 l 层的可学习参数，$\tilde{A} = A + I$ 是邻接矩阵再加上自循环，$\tilde{D}_{ii} = \sum_j \tilde{A}_{jj}$。

（2）相较于 GCN，GraphSage 只对特定数目的邻域进行采样，并且提出用平均、取和、最大池的方法进行聚合，用联结方式进行更新操作[⑤]：

----

① Yujia Li, et al. , "Gated Graph Sequence Neural Networks", 2016, arXiv：1511. 05493.

② Le Wu, et al. , "Joint Item Recommendation and Attribute Inference：An Adaptive Graph Convolutional Network Approach", Proceedings of the 43rd International ACM SIGIR Conference on Research and Development in Information Retrieval, Virtual Event, China, 2020.

③ Muhan Zhang, Yixin Chen, "Inductive Matrix Completion Based on Graph Neural Networks", Proceedings of 8th International Conference on Learning Representations, Addis Ababa, 2020.

④ Thomas N. Kipf, Max Welling, "Semi - Supervised Classification with Graph Convolutional Networks", 2017, arXiv：1609. 02907.

⑤ Will Hamilton, Zhitao Ying, Jure Leskovec, "Inductive Representation Learning on Large Graphs", Proceedings of the Advances in Neural Information Processing Systems 30, Long Beach, C. A. , 2017.

$$n_v^l = AGG_l(\{h_u^l, \forall u \in N_v\}), h_v^{l+1} = \delta(W^l \cdot [h_v^l \oplus n_v^l]) \qquad (2-4)$$

其中，h_v^{l+1} 表示节点 v 在 $l+1$ 层时的隐藏表示，AGG_l 代表在 l 层的聚合函数，$\oplus$ 代表联结，N_v 代表顶点 v 的邻域集合。

（3）GAT1 认为邻域对当前节点的影响是不同的，因此采用注意力机制来区分邻域的重要性，在更新操作中给予邻域不同的权重：

$$
\begin{aligned}
a_{vj} &= \frac{\exp\{\text{LeakyReLU}[a^T(W^l h_v^l \oplus W^l h_j^l)]\}}{\sum_{k \in N_v} \exp\{\text{LeakyReLU}[a^T(W^l h_k^l \oplus W^l h_k^l)]\}}, \\
h_v^{l+1} &= \delta\left(\sum_{j \in N_v} a_{vj} W^l h_k^l\right)
\end{aligned}
\qquad (2-5)
$$

其中，a 和 W 是可学习的参数控制邻域的权重。

（4）GGNN 是典型的循环图神经网络，利用门控制循环单元来进行更新操作[①]：

$$
\begin{aligned}
n_v^l &= \frac{1}{|N_v|}\sum_{j \in N_v} h_j^l, \\
h_v^{l+1} &= GRU(h_v^l, n_v^l)
\end{aligned}
\qquad (2-6)
$$

其中，GRU 是门控制循环单元。虽然 GGNN 在一定程度上确保了收敛性，但是对于大型图来说，在所有的顶点上进行多次的递归操作超出运算能力，不易实现[②]。

2.3.2 基于二部图的图表示学习推荐系统

将图表示学习应用于二部图中，主要思想是使用用户交互过的项目特征来增强用户的偏好表示，或者用项目交互过的用户来增强

[①] Yujia Li, et al., "Gated Graph Sequence Neural Networks", 2016, arXiv: 1511.05493.

[②] Zonghan Wu, et al., "A Comprehensive Survey on Graph Neural Networks", *IEEE Transactions on Neural Networks and Learning Systems* 32 (1), 2021, pp. 4–24.

项目的特征表示。基于二部图的图表示学习推荐系统的重点是如何将用户和项目的特征信息在图中传播开来，并且学习最终的用户项目嵌入表示，从而进行预测和推荐。总结而言，基于二部图的图表示学习推荐主要面临的问题和难点有以下两个。

2.3.2.1　图表示学习技术应用到二部图中的方式

大部分基于二部图的图表示学习推荐系统将图表示学习技术直接应用到二部图中，比如 GCMC 提出了一种图自编码器的框架，通过在二部图中使用信息传递的形式生成用户和项目的隐藏表示，再用解码器对二部图进行链接预测[①]；Bi - HGNN 使用 GraphSage 将邻域信息聚合在一起，降低计算的复杂度[②]；LightGCN 在二部图中线性地传播用户和项目特征，并且使用 GCN 中的邻域聚合方法，降低了图卷积网络的算法难度[③]。

还有一部分基于二部图的图表示学习推荐系统是将二部图拆分后再使用图表示学习技术，比如，Multi - GCCF 在两跳距离的节点间加入连接，得到了用户—用户、项目—项目交互图，然后使用多图编码器对这两个附加图进行学习[④]；DGCF 根据用户的意图特征将图进行分解，把每个用户和物品表示分成块，再把每块用一个潜在意图相连，得到用户和物品的意图嵌入表示[⑤]。

---

① Rianne van den Berg, et al. , "Graph Convolutional Matrix Completion", 2017, arXiv: 1706. 02263.

② Chong Li, et al. , "Hierarchical Representation Learning for Bipartite Graphs", Proceedings of the 28th International Joint Conference on Artificial Intelligence, Macao, 2019.

③ Xiangnan He, et al. , "LightGCN: Simplifying and Powering Graph Convolution Network for Recommendation", Proceedings of the 43rd International ACM SIGIR Conference on Research and Development in Information Retrieval, Virtual Event, China, 2020.

④ Jianing Sun, et al. , "Multi - Graph Convolution Collaborative Filtering", Proceedings of the 2019 IEEE International Conference on Data Mining, Beijing, 2019.

⑤ Xiang Wang, et al. , "Disentangled Graph Collaborative Filtering", Proceedings of the 43rd International ACM SIGIR Conference on Research and Development in Information Retrieval, Virtual Event, China, 2020.

2.3.2.2　邻域信息聚合方式

最简单的方法是使用平均池操作，认为邻域对当前节点的影响是一样的[1]：

$$n_v^l = \frac{1}{|N_v|} W^l h_v^l \qquad (2-7)$$

这种方法虽然简单，但是与现实差距较大。还有些方法使用度归一化操作，根据图的拓扑结构来决定邻域的权重[2]：

$$n_v^l = \sum_{i \in N_v} \frac{1}{|N_v||N_i|} W^l h_v^l \qquad (2-8)$$

然而，只依靠拓扑结构决定邻域的重要性仍然缺少关键信息。事实上，关系的语义与节点之间的影响力强弱有关系，因此大部分研究方法采用注意力机制强化邻域的重要性[3]。

此外，还有一些基于二部图的图表示学习推荐系统采用随机游走的方法得到用户和项目的嵌入表示，比如 BiNE 从二部图中提取

① Muhan Zhang, Yixin Chen, "Inductive Matrix Completion Based on Graph Neural Networks", Proceedings of 8th International Conference on Learning Representations, Addis Ababa, 2020; Jianing Sun, et al., "Multi – Graph Convolution Collaborative Filtering", Proceedings of the 2019 IEEE International Conference on Data Mining, Beijing, 2019; Jiani Zhang, et al., "STAR – GCN: Stacked and Reconstructed Graph Convolutional Networks for Recommender Systems", Proceedings of the 28th International Joint Conference on Artificial Intelligence, Macao, 2019.

② Le Wu, et al., "DiffNet + +: A Neural Influence and Interest Diffusion Network for Social Recommendation", *IEEE Transactions on Knowledge and Data Engineering* 34 (10), 2022, pp. 4753 – 4766; Xiangnan He, et al., "LightGCN: Simplifying and Powering Graph Convolution Network for Recommendation", Proceedings of the 43rd International ACM SIGIR Conference on Research and Development in Information Retrieval, Virtual Event, China, 2020; Lei Chen, et al., "Revisiting Graph Based Collaborative Filtering: A Linear Residual Graph Convolutional Network Approach", Proceedings of the 34th AAAI Conference on Artificial Intelligence, New York, 2020.

③ Rianne van den Berg, Thomas Kipf, Max Welling, "Graph Convolutional Matrix Completion", 2017, arXiv: 1706.02263; Xiao Wang, et al., "Multi – Component Graph Convolutional Collaborative Filtering", Proceedings of the 34th AAAI Conference on Artificial Intelligence, New York, 2020.

了用户—用户、项目—项目二阶关系的同构图，然后使用随机游走的方式对节点进行嵌入表示[1]。PinSage 采用随机游走的方式对邻域进行采样，并计算基于随机游走访问到的节点次数，将访问次数最高的 K 个节点作为邻域，这样可以更好地融合二部图的结构信息[2]。

2.3.3　基于社交网络的图表示学习推荐系统

随着越来越多的人使用微博、朋友圈等社交软件，在推荐系统中加入社交因素也成为现在热门的做法。传统的社交网络推荐系统一般只考虑了用户的一阶邻域，忽略了递归影响在社交网络中的扩散问题[3]。比如，用户的选择可能会被朋友的朋友影响，他们之间也可能拥有相似的偏好。基于社交网络的图表示学习推荐系统考虑了扩散因素，将探索社交图的拓扑结构加入了推荐过程中[4]。总的来说，基于社交网络的图表示学习推荐系统需要解决如下几个问题。

（1）社交关系影响的权重

在社交网络中，用户之间存在朋友、同事等关系，这些社交关

---

① Ming Gao, et al., "BiNE：Bipartite Network Embedding", Proceedings of the 41st International ACM SIGIR Conference on Research and Development in Information Retrieval, Ann Arbor, M. I., 2018.

② Rex Ying, et al., "Graph Convolutional Neural Networks for Web-Scale Recommender Systems", Proceedings of the 24th ACM SIGKDD International Conference on Knowledge Discovery & Data Mining, London, 2018.

③ Hao Ma, et al., "SoRec：Social Recommendation Using Probabilistic Matrix Factorization", Proceedings of the 17th ACM Conference on Information and Knowledge Management, Napa Valley, C. A., 2008；Bo Yang, et al., "Social Collaborative Filtering by Trust", *IEEE Transactions on Pattern Analysis and Machine Intelligence* 39（8），2017, pp. 1633 – 1647；Wenqi Fan, et al., "Deep Modeling of Social Relations for Recomendation", Proceedings of the 32nd AAAI Conference on Artificial Intelligence, New Orleans, L. O., 2018.

④ Le Wu, et al., "A Neural Influence Diffusion Model for Social Recommendation", Proceedings of the 42nd International ACM SIGIR Conference on Research and Development in Information Retrieval, Paris, 2019.

系影响用户的偏好和选择。

一方面，当图中存在一种关系时，需要将关系的紧密程度加入社交网络图表示学习过程中。比如，DiffNet 使用平均池的操作等价地对待每个朋友的影响[1]，这种方法缺乏实际意义，而 DiffNet ++ 加入了注意力机制来区分用户之间的不同影响[2]，DANSE 采用双重注意力机制从动态和静态两种角度区分社会同质性和社会影响力[3]；ESRF 认为不是所有的社交关系都是可靠的信息来源，因此使用图自编码器过滤掉无关的关系，挖掘新的邻域[4]。

另一方面，当社交网络图中存在多种关系的时候，如何根据语义区分关系的影响力大小也是应该考虑的问题之一。Wang 等提出SHINE，通过建立情感网络来区分用户关系的强弱，然后将社交网络和情感网络相结合进行推荐[5]。

（2）社交影响与推荐聚合方式

基于社交网络的图表示学习推荐系统通常分成两种图结构：一种是用户—项目交互二部图，另一种是由用户组成的社交网络图。将信息聚合在一起有两种方式：一种方式是分别学习两种图中的用户表示，

---

① Le Wu, et al. , "A Neural Influence Diffusion Model for Social Recommendation", Proceed-ings of the 42nd International ACM SIGIR Conference on Research and Development in Infor-mation Retrieval, Paris, 2019.

② Le Wu, et al. , "DiffNet ++ : A Neural Influence and Interest Diffusion Network for Social Recommendation", *IEEE Transactions on Knowledge and Data Engineering* 34 (10), 2022, pp. 4753 – 4766.

③ Qitian Wu, et al. , "Dual Graph Attention Networks for Deep Latent Representation of Multifaceted Social Effects in Recommender Systems", Proceedings of the World Wide Web Conference, San Francisco, C. A. , 2019.

④ J. Yu, et al. , "Enhancing Social Recommendation with Adversarial Graph Convolutional Net-works", *IEEE Transactions on Knowledge and Data Engineering* 34 (8), 2022, pp. 3727 – 3739.

⑤ Hongwei Wang, et al. , "SHINE: Signed Heterogeneous Information Network Embedding for Sentiment Link Prediction", Proceedings of the 11th ACM International Conference on Web Search and Data Mining, Marina Del Rey, C. A. , 2018.

然后将其组合起来成为最终的用户特征向量①；另一种方式是将两种图结合成统一的图，然后运用图表示学习技术对该图进行用户特征学习②。

第一种方式是将两种图分开学习，具有以下几点优势：第一，用户—项目交互二部图可以使用已经存在的有效方法进行学习，由用户组成的社交网络图可以通过图神经网络或者随机游走方法直接处理，降低了计算的复杂度；第二，两种图分开学习可以分别控制各自学习方法扩散的深度、挖掘的深度和难度，从而达到效率和效果的最优平衡。比如，GraphRec 将用户端的嵌入问题分成用户—项目交互二部图以及社交网络图，并且对两种图分别进行图表示学习操作，再将得到的结果通过多层感知器组合起来③。DGRec 分别对用户基于会话的兴趣和动态的社会影响进行建模，其中用户兴趣使用循环神经网络进行训练，动态的社会影响用 GAT 来捕捉，最后将两种模型的结果进行拼接④。

----

① Le Wu, et al., "A Neural Influence Diffusion Model for Social Recommendation", Proceedings of the 42nd International ACM SIGIR Conference on Research and Development in Information Retrieval, Paris, 2019; Wenqi Fan, et al., "Graph Neural Networks for Social Recommendation", Proceedings of the World Wide Web Conference, San Francisco, C.A., 2019; Qitian Wu, et al., "Dual Graph Attention Networks for Deep Latent Representation of Multi-Faceted Social Effects in Recommender Systems", Proceedings of the World Wide Web Conference, San Francisco, C.A., 2019.

② Le Wu, Junwei Li, et al., "DiffNet++: A Neural Influence and Interest Diffusion Network for Social Recommendation", *IEEE Transactions on Knowledge and Data Engineering* 34 (10), 2022, pp. 4753-4766; Tao Yang Fu, et al., "HIN2Vec: Explore Meta-Paths in Heterogeneous Information Networks for Representation Learning", Proceedings of the 2017 ACM on Conference on Information and Knowledge Management, Singapore, 2017; Hongwei Wang, et al., "SHINE: Signed Heterogeneous Information Network Embedding for Sentiment Link Prediction", Proceedings of the 11th ACM International Conference on Web Search and Data Mining, Marina Del Rey, C.A., 2018.

③ Wenqi Fan, et al., "Graph Neural Networks for Social Recommendation", Proceedings of the World Wide Web Conference, San Francisco, C.A., 2019.

④ Weiping Song, et al., "Session-Based Social Recommendation Via Dynamic Graph Attention Networks", Proceedings of the 12th ACM International Conference on Web Search and Data Mining, Melbourne, 2019.

　　第二种方式是将两种图结合成统一的图，其优点在于，社交网络中的高阶社会影响扩散和用户—项目交互二部图中的兴趣扩散都可以在一个统一模型中进行模拟学习。在学习过程中，两种信息可以进行交换和互补，为了更好地反映用户的偏好，通常使用处理异构图的学习方法来实现推荐。比如，DiffNet＋＋首先将二部图中的项目信息与社交关系进行集成，然后使用 GAT 进行图表示学习[1]。HGP 提出一种新的图嵌入方法——异构图传播，将组、用户、项目作为输入，有效处理了图的异构性[2]。

2.3.4　基于知识图谱的图表示学习推荐系统

　　知识图谱作为目前热门的研究领域，包含了丰富的项目信息。作为异构图的一种，知识图谱中的实体和关系包含多种类型，并且包含多种语义。比如，在由电影数据构成的知识图谱中，电影、电影类型、导演是实体，他们之间的关系为电影增添了属性，研究这些属性可以更好地了解用户对电影的偏好。知识图谱的统一表示方式为三元组［首实体（head）、关系（relation）、尾实体（tail）］，比如，在电影知识图谱中，（十二生肖，主演，成龙）陈述了电影《十二生肖》的主演是成龙这个事实，在推荐的时候如果用户喜欢《十二生肖》，那么成龙作为主演的其他电影也很有可能得到用户的喜爱。将知识图谱融入推荐系统中，一方面，可以增加项目的属性，更好地刻画项目特征，提高推荐的准确性，而且知识图谱中丰富的语义关系也可以为推荐增加多样性；另一方面，知识图谱可以将用户喜爱的项目与推荐的项目相连接，形成路径，为推荐的结果提供

①　Le Wu, et al. , "DiffNet＋＋: A Neural Influence and Interest Diffusion Network for Social Recommendation", *IEEE Transactions on Knowledge and Data Engineering* 34（10）, 2022, pp. 4753 – 4766.

②　Kyung Min Kim, et al. , "Tripartite Heterogeneous Graph Propagation for Large – Scale Social Recommendation", 2019, arXiv: 1908. 02569.

可解释性[①]。

基于知识图谱的图表示学习推荐系统按照技术不同，大致可以分为以下三类。

（1）知识图谱嵌入表示

知识图谱嵌入表示（Knowledge Graph Embedding，KGE）的主要思想是将知识图谱中的实体和关系嵌入低维空间，主要方法有翻译转化模型和语义匹配模型。翻译转化模型最有名的是 Trans 系列算法，如 TransE[②]、TransR[③]、TransD[④] 等。最早的 TransE 是基于实体和关系的分布式向量表示，将每个三元组（h，r，t）中的关系 r 看作首实体 h 到尾实体 t 的翻译，通过调整、训练 h、r 和向量 t，使得 $h + r \approx t$。后来的 Trans 系列算法虽然在预测推荐效果上有所提高，但是基本思想都是通过首向量和关系推测尾向量，不同在于所映射的空间。Trans 系列算法忽略了实体和关系可能有更复杂的联系，虽然便于实现，但是推荐质量会受到负面影响。语义匹配模型则关注语义信息，对知识图谱中的语义信息进行分析[⑤]。比

① Hongwei Wang, et al. , "RippleNet: Propagating User Preferences on the Knowledge Graph for Recommender Systems", Proceedings of the 27th ACM International Conference on Information and Knowledge Management, Torino, 2018.

② Antoine Bordes, et al. , "Translating Embeddings for Modeling Multi – Relational Data", Proceedings of the Advances in Neural Information Processing Systems 26, Lake Tahoe, 2013.

③ Yankai Lin, et al. , "Learning Entity and Relation Embeddings for Knowledge Graph Completion", Proceedings of the AAAI Conference on Artificial Intelligence, Austin, 2015.

④ Guoliang Ji, et al. , "Knowledge Graph Embedding Via Dynamic Mapping Matrix", Proceedings of the 53rd Annual Meeting of the Association for Computational Linguistics and the 7th International Joint Conference on Natural Language Processing of the Asian Federation of Natural Language Processing, Beijing, 2015.

⑤ Le Wu, et al. , "A Neural Influence Diffusion Model for Social Recommendation", Proceedings of the 42nd International ACM SIGIR Conference on Research and Development in Information Retrieval, Paris, 2019; Deqing Yang, et al. , "A Knowledge – Enhanced Deep Recommendation Framework Incorporating GAN – Based Models", Proceedings of the 2018 IEEE International Conference on Data Mining, Singapore, 2018; Jose Manuel Gomez-Perez, et al. , "Enterprise Knowledge Graph: An Introduction", In Jeff Pan, et al. (Eds.), *Exploiting Linked Data and Knowledge Graphs in Large Organisations* (Cham. : Springer International Publishing, 2017), pp. 1 – 14.

如，Zhang 等提出 CKE，对项目的文本、图像等辅助信息进行学习，然后和知识图谱的嵌入向量共同训练，从而进行推荐[①]；Wang 等提出针对新闻推荐的 DKN，用卷积神经网络对新闻的文本信息进行特征提取，然后用注意力机制将新闻特征和经 TransD 处理后的知识图谱结合起来[②]；CFKG 把用户和项目的交互也当成一种关系加入项目的知识图谱，然后通过定义新的度量函数测量在关系条件下两个实体之间的距离[③]。

（2）基于路径的方法

基于路径的方法（Path – Based Methods）主要利用实体之间的连通路径，然后计算用户和项目的连通相似性，从而进行推荐。一般情况下，使用 PathSim[④] 进行相似度计算：

$$sim_{m,n} = \frac{2 \times |\{p_{m \to n}: p_{m \to n} \in P\}|}{|\{p_{m \to m}: p_{m \to m} \in P\}| + |\{p_{n \to n}: p_{n \to n} \in P\}|} \tag{2-9}$$

其中，$p_{m \to n}$ 代表实体 m 和 n 之间的路径。实体之间的相似度包括用户—用户、项目—项目、用户—项目相似度。

Yu 等提出 HeteMF，提取 L 条不同的元路径计算项目—项目相似度[⑤]。随后，他们又提出 HeteRec，利用元路径的相似性丰富用户—

①　Fuzheng Zhang, et al. , "Collaborative Knowledge Base Embedding for Recommender Systems", Proceedings of the 22nd ACM SIGKDD International Conference on Knowledge Discovery and Data Mining, San Francisco, C. A. , 2016.

②　Hongwei Wang, et al. , "DKN: Deep Knowledge – Aware Network for News Recommendation", Proceedings of the World Wide Web Conference, Lyon, 2018.

③　Yongfeng Zhang, et al. , "Learning over Knowledge – Base Embeddings for Recommendation", 2018, arXiv: 1803. 06540.

④　Yizhou Sun, et al. , "Pathsim: Meta Path – Based Top – K Similarity Search in Heterogeneous Information Networks", *Proceedings of the VLDB Endowment* 4 (11) , 2011, pp. 992 – 1003.

⑤　Xiao Yu, et al. , "Collaborative Filtering with Entity Similarity Regularization in Heterogeneous Information Networks", Proceedings of the International Joint Conferences on Artificial Intelligence, Beijing, 2013.

项目交互矩阵，最后将每个路径上用户的偏好组合成推荐结果[①]；Zhao 等提出 FMG，用元图代替元路径进行推荐，元图中有更丰富的连接信息，所以 FMG 可以更好地捕捉到实体之间的相似度[②]；Ma 等通过添加规则来寻找项目之间的连接关系，提出 RuleRec，将规则和知识图谱共同进行训练，不需要再调整元路径的数目即可完成推荐，并且由于规则的出现，推荐结果更有解释性[③]；MCRec 直接学习元路径的嵌入表示，用户和项目之间的上下文关系可以体现在元路径上[④]。

基于路径的方法大部分需要提前定义元路径、元图，导致这些模型的参数在训练前需要利用专业知识手动地调整[⑤]。

（3）基于传播的方法

基于传播的方法（Propogation - Based Methods）一方面学习实体和关系的语义嵌入表示；另一方面运用图神经网络中传播的思想，更深层次地学习知识图谱的高阶拓扑结构和隐藏关系。最早的传播方法是由 Wang 等提出的 RippleNet，将知识图谱的信息像水波纹一样传播开来，丰富了用户的画像[⑥]；随后，Wang 等又提出 KGCN，

① Xiao Yu, et al. , "Recommendation in Heterogeneous Information Networks with Implicit User Feedback", Proceedings of the 7th ACM conference on Recommender Systems, Hong Kong, 2013.

② Huan Zhao, et al. , "Meta - Graph Based Recommendation Fusion over Heterogeneous Information Networks", Proceedings of the 23rd ACM SIGKDD International Conference on Knowledge Discovery and Data Mining, Halifax, N. S. , 2017.

③ Weizhi Ma, et al. , "Jointly Learning Explainable Rules for Recommendation with Knowledge Graph", Proceedings of the World Wide Web Conference, San Francisco, C. A. , 2019.

④ Binbin Hu, et al. , "Leveraging Meta - Path Based Context for Top - N Recommendation with a Neural Co - Attention Model", Proceedings of the ACM SIGKDD International Conference on Knowledge Discovery and Data Mining, London, 2018.

⑤ Qingyu Guo, et al. , "A Survey on Knowledge Graph - Based Recommender Systems", *IEEE Transactions on Knowledge and Data Engineering* 34 (8), 2022, pp. 3549 - 3568.

⑥ Hongwei Wang, et al. , "RippleNet: Propagating User Preferences on the Knowledge Graph for Recommender Systems", Proceedings of the 27th ACM International Conference on Information and Knowledge Management, Torino, 2018.

不同于 RippleNet，用户的兴趣沿着知识图谱的连接由内向外传播，KGCN 将实体的邻域信息由外向内融入该实体中[①]。基于传播的方法丰富了用户和项目的特征表示，提高了推荐的准确性。KGAT 通过建立多层传播层挖掘到知识图谱中的高阶关系[②]；KNI 将知识图谱根据邻域关系重新组建为邻域图，然后在邻域图中利用注意力机制为不同的邻域分配权重[③]。

总体而言，基于知识图谱的图表示学习推荐系统包含两种图：用户—项目交互二部图及知识图谱。由于知识图谱具有结构复杂性和语义复杂性，在推荐的同时面临以下挑战。

（1）用户—项目交互二部图与知识图谱的信息融合方式

第一种方法是将两种图结合成为统一的图，使用图表示学习的方法直接对组合的图进行信息挖掘[④]。这种方法一般使用联合学习［见图 2-2（a）］的方式，将二部图和知识图谱当成一个整体，进行参数训练及调整。

第二种方法是在两种图中分别运用图表示学习或其他神经网络技术，得到用户和项目的嵌入表示，然后再对用户和项目的表示进

① Hongwei Wang, et al., "Knowledge Graph Convolutional Networks for Recommender Systems", Proceedings of the World Wide Web Conference, San Francisco, C. A., 2019.

② Xiang Wang, et al., "KGAT: Knowledge Graph Attention Network for Recommendation", Proceedings of the 25th ACM SIGKDD International Conference on Knowledge Discovery & Data Mining, Anchorage, A. K., 2019.

③ Yanru Qu, et al., "An End – to – End Neighborhood – Based Interaction Model for Knowledge-Enhanced Recommendation", Proceedings of the 1st International Workshop on Deep Learning Practice for High – Dimensional Sparse Data, Anchorage, 2019.

④ Yongfeng Zhang, et al., "Learning over Knowledge – Base Embeddings for Recommendation", 2018, arXiv: 1803.06540; Jose Manuel Gomez-Perez et al., "Enterprise Knowledge Graph: An Introduction", In Jeff Pan, et al (Eds.), *Exploiting Linked Data and Knowledge Graphs in Large Organisations* (Cham.: Springer International Publishing, 2017), pp. 1 – 14; Hongwei Wang, et al., "Knowledge Graph Convolutional Networks for Recommender Systems", Proceedings of the World Wide Web Conference, San Francisco, C. A., 2019.

行优化。例如，DKN 分别对用户—项目交互二部图和知识图谱进行嵌入式表示学习，然后用注意力机制将用户感兴趣的项目集成在一起，使用依次学习［见图 2-2（b）］的方式获得用户和项目的嵌入表示，最后做出推荐[①]；MKR 使用的是交替学习［见图 2-2（c）］，先分开对两种图进行训练，然后通过交叉压缩单元实现信息共享和优化[②]。

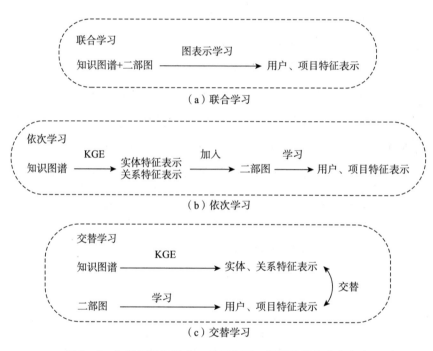

图 2-2 知识图谱与用户—项目交互二部图的信息融合方式

第三种方法是根据两种图的信息进行图重构，如 IntentGC 将多实体知识图谱中的一阶邻域转化为二阶邻域，即将距离仅为一个节点的项目与项目之间的关系简化，然后与二部图相连接，从而降低

① Hongwei Wang, et al. , "DKN: Deep Knowledge – Aware Network for News Recommenda-
tion", Proceedings of the World Wide Web Conference, Lyon, 2018.
② Hongwei Wang, et al. , "Multi – Task Feature Learning for Knowledge Graph Enhanced Rec-
ommendation", Proceedings of the World Wide Web Conference, San Francisco, C. A. , 2019.

了图表示学习的难度[1]；AKGE 通过提前训练知识图谱中的实体，计算实体之间的距离，保证用户和项目实体之间的距离最短，构建用户项目子图，从而完成推荐任务[2]；KNI 将用户—项目交互二部图和知识图谱重构成为（用户，用户领域）—（项目，项目邻域）图，然后使用注意力机制的图表示学习进行推荐[3]。

（2）实体信息通过不同关系的聚合方式

知识图谱中含有丰富的语义信息，只有将实体的语义和关系的语义结合进行传播才能有效地推荐。图注意力机制为这种聚合提供了可靠的技术，大多数基于知识图谱的推荐技术都使用了注意力机制，一方面区分邻域对当前节点的重要性，另一方面区分不同语义关系对节点的重要性。比如，RippleNet[4]、KGAT[5]、KGCN[6] 等经典的知识图谱学习技术都使用了图注意力机制的思想。

2.4　推荐系统常用的评价指标

推荐系统的主要目标是向用户推荐其可能感兴趣的项目，而推

① Jun Zhao, et al., "IntentGC: A Scalable Graph Convolution Framework Fusing Heterogeneous Information for Recommendation", Proceedings of the 25th ACM SIGKDD International Conference on Knowledge Discovery & Data Mining, Anchorage, A. K., 2019.

② Xiao Sha, et al., "Hierarchical Attentive Knowledge Graph Embedding for Personalized Recommendation", Electronic Commerce Research and Applications 48, 2021, pp. 101071.

③ Yanru Qu, et al., "An End – to – End Neighborhood – Based Interaction Model for Knowledge – Enhanced Recommendation", Proceedings of the 1st International Workshop on Deep Learning Practice for High – Dimensional Sparse Data, Anchorage, 2019.

④ Hongwei Wang, et al., "RippleNet: Propagating User Preferences on the Knowledge Graph for Recommender Systems", Proceedings of the 27th ACM International Conference on Information and Knowledge Management, Torino, 2018.

⑤ Xiang Wang, et al., "Tat Seng Chua, KGAT: Knowledge Graph Attention Network for Recommendation", Proceedings of the 25th ACM SIGKDD International Conference on Knowledge Discovery & Data Mining, Anchorage, A. K., 2019.

⑥ Hongwei Wang, et al., "Knowledge Graph Convolutional Networks for Recommender Systems", Proceedings of the World Wide Web Conference, San Francisco, C. A., 2019.

荐结果的优劣可以由准确性来评判。准确性指标大致可以分为以下三类。一类是评分预测准确性，即推荐系统的任务是预测用户给项目的评分；另一类是 CTR（Click – Through Rate）准确性，是预测用户下一个点击的项目，即点击通过率。这种推荐不需要预测具体评分，只需要完成预测点击和没有点击两个目标。还有一类是 Top – K 预测准确性，即根据推荐列表的排序或者精度判断推荐系统的准确性。

2.4.1　评分预测准确性

该类评价指标主要是衡量推荐系统算法预测的评分与实际评分的相近程度，比如豆瓣对电影的评分评测，可以使用均方根误差（Root Mean Squared Error，RMSE）和平均值误差（Mean Absolute Error，MAE）来评价。

均方根误差的计算公式如下：

$$RMSE = \sqrt{\frac{\sum_{u,v \in T}(r_{uv} - \hat{r}_{uv})^2}{|T|}} \qquad (2-10)$$

其中，r_{uv} 是用户 u 对项目 v 的实际评分，$\hat{r}_{uv}$ 是预测的评分，T 是测试集中所有用户和项目的交互记录。

平均值误差的计算公式如下：

$$MAE = \frac{1}{|T|}\sum_{u,v \in T}|r_{uv} - \hat{r}_{uv}| \qquad (2-11)$$

RMSE 是按照标准差对错误的预测进行惩罚，而 MAE 则是按照比例来进行惩罚。

2.4.2　CTR 准确性

CTR 模型可以看作二分类问题，即只有正样本和负样本两种情况。对于这种二分类问题，可以先对测试集中一些用户和项目的交互进行隐藏，然后使用推荐系统对这些交互进行预测。主要方法是将这些数据分成两类，正样本表示用户对该项目进行了点击，负样本表示用户没有对该项目进行点击。根据推荐系统的预测结果和样本种类，有可能出现四种测试结果（见表 2 - 1）。

表 2 - 1 推荐结果分类

预测结果	正样本	负样本
预测为正	TP（True Positive）	FP（False Positive）
预测为负	FN（False Negative）	TN（True Negative）

其中，TP 和 TN 是正确的预测结果，FP 和 FN 是错误的预测结果。如果仅用正确预测在总样本中的占比来评价推荐系统的好坏，在很大程度上会造成评价的不准确，尤其是当数据中正样本数远远小于负样本数时，若推荐系统结果全部预测为负，该系统会得到很高的评价指数，然而这种推荐是不符合实际需求的。所以，一般可以用以下指标来评价推荐系统的 CTR 准确性：

$$Precision = \frac{TP}{TP + FP} \tag{2 - 12}$$

$$Recall = \frac{TP}{TP + FN} \tag{2 - 13}$$

Precision 代表精准率，*Recall* 代表召回率。精准率代表在预测为正的结果中真阳率的占比，召回率则代表在所有正样本中，有多少是预测正确的。理想情况是两个指标数值都高，但是在一般情况下，两者之间存在矛盾。如果数据中正样本数目远远大于负样本，那么召回率偏高，精准率偏低；相反，则召回率偏低，精准率偏高。除精准率和召回率，还可以用指标 *ACC* 来进行评价：

$$ACC = \frac{TP + TN}{2 \times N} \tag{2 - 14}$$

此外，还可以用 *ROC* 曲线和 *AUC* 来评价推荐系统二分类阈值选择的性能。*ROC* 曲线是以 *TP* 为纵坐标、*FP* 为横坐标绘制的曲线，*AUC* 是处于 *ROC* 曲线下方的面积。

2.4.3　Top – K 预测准确性

推荐系统通常会为用户设置返回推荐列表，代表用户可能喜欢的项目排序。对这样的推荐系统，可以用 $Precision@K$ 和 $Recall@K$ 来评价。

$$Precision@K = \frac{\sum_{u \in U} |R(u) \cap T(u)|}{\sum_{u \in U} |R(u)|} \qquad (2-15)$$

$$Recall@K = \frac{\sum_{u \in U} |R(u) \cap T(u)|}{\sum_{u \in U} |T(u)|} \qquad (2-16)$$

其中，$R(u)$ 代表为用户 u 提供的 K 个项目的推荐列表，$T(u)$ 代表用户实际喜爱的项目列表。

此外，常用的评价指标还有 $ndcg@K$。主要计算的是归一化折损累计增益，该指标认为在推荐列表中较低位置出现相关性较高的文档时，应该对评测的结果施加惩罚，而惩罚的数值与文档所在位置的对数值相关。因此，定义一个推荐列表的排序位置 k，计算相关性 $rel_i \in \{0, 1\}$ 以及折损累计增益 dcg：

$$dcg_k = \sum_{i=1}^{p} \frac{2^{rel_i} - 1}{\log_2(i+1)} \qquad (2-17)$$

$$ndcg@K = \frac{dcg_k}{idcg_k} \qquad (2-18)$$

$idcg$ 为理想的 dcg 结果，rel_i 为相关性最高的 k 个推荐结果：

$$idcg_k = \sum_{i=1}^{|rel|} \frac{2^{rel_i} - 1}{\log_2(i+1)} \qquad (2-19)$$

以上评价指标都是用来评判推荐系统的准确性，此外，推荐系统还可以用多样性、覆盖率、隐私性来评价[1]。

---

[1]　Gediminas Adomavicius, Alexander Tuzhilin, "Toward the Next Generation of Recommender Systems: A Survey of the State – of – the – Art and Possible Extensions", *IEEE Transactions on Knowledge and Data Engineering* 17（6），2005，pp. 734 – 749.

第 3 章

基于二部图隐性关系学习的推荐系统

3.1 引言

二部图的图结构在推荐系统中广泛存在，如用户点击商品、评价电影等行为都可以用二部图建模。二部图可以是一种无权重或者有权重的异构图，用来对两种不同类型的实体建模。如图 3 - 1 所示，用户和电影这两种不同类型的实体可以表示成二部图中的节点，他们之间的交互行为构成二部图的边，标注在边上的权重可以代表用户对电影的评分，隐含用户对电影的偏好。因此，在二部图中研究用户和项目之间的交互行为，建立用户偏好模型，可以进行个性化推荐。正如在 1.2 节中所述，传统推荐技术只能间接地捕捉协作交互信号，比如在协同过滤方法中使用用户和项目之间的交互作为训练模型的监督信号，而图表示学习可以直接将这些重要的协作信号编码为图结构中的连接信息。在二部图中运用图表示学习方法挖掘项目和用户信息，可以大大提高推荐系统的质量和推荐的准确性①。

---

① Rianne van den Berg, et al., "Graph Convolutional Matrix Completion", 2017, arXiv: 1706.02263.

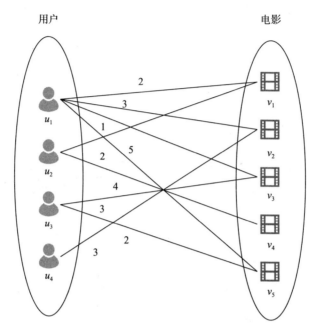

图 3 - 1　用户、电影构成的二部图推荐系统

目前，二部图推荐系统主要采用特征向量嵌入技术，即将图中的用户和项目节点映射到低维空间中，转换成可学习的低维向量，然后进行下一步的预测或者推荐任务①。在进行特征向量嵌入的时候，需要考虑以下两个方面的问题。

（1）不同于节点类型一致的同构图，二部图中节点类型含有两种，导致二部图的关系也存在显性和隐性两种类型。显性关系体现在二部图的边信息中，类型不同的节点由边相连，代表两种节点之

① Aditya Grover, Jure Leskovec, "Node 2 Vec: Scalable Feature Learning for Networks", Proceedings of the ACM SIGKDD International Conference on Knowledge Discovery and Data Mining, San Francisco, C. A. , 2016; Xiangnan He, Tat Seng Chua, "Neural Factorization Machines for Sparse Predictive Analytics", Proceedings of the 40th International ACM SIGIR Conference on Research and Development in Information Retrieval, Tokyo, 2017; Da Cao, et al. , "Embedding Factorization Models for Jointly Recommending Items and User Generated Lists", Proceedings of the 40th International ACM SIGIR Conference on Research and Development in Information Retrieval, New York, 2017.

间的交互信息。然而，在同种类型节点之间存在隐性关系，如用户点击相同商品的行为意味着他们之间可能存在相似的偏好，他们之间存在隐性关系。这种隐性关系在映射到低维空间的时候，可以使相似的用户成为邻域，影响彼此的偏好。研究表明，对隐性关系建模可以提高推荐的质量[①]。

（2）二部图中只包含结构信息和交互信息，需考虑如何在嵌入过程中加入辅助信息，如用户的特征、项目的属性等。这些辅助信息可以更好地刻画用户的偏好[②]，从而根据用户喜好的不同进行个性化推荐，提高推荐的准确性。

然而，目前针对二部图的推荐技术，一部分缺少对隐性关系的学习[③]，还有一部分将隐性关系和显性关系统一处理，忽略了两种关系所包含的语义是不同的，用一种方法进行学习会缺少语义学习的针对性，损失掉一部分重要信息[④]。

针对以上问题，本章提出基于二部图隐性关系学习的模型（Attentive Implicit Relation Recommendation Incorporating Content Information，AIRC），对隐性关系进行建模，并且融入了辅助信息和二部图的显性关系。主要的研究内容和贡献如下。

（1）本章定义了隐性关系图（Implicit Relation Graph，IRG），包括用户隐性关系图和项目隐性关系图。在用户隐性关系图中，拥

① Lu Yu, et al., "WalkRanker: A Unified Pairwise Ranking Model with Multiple Relations for Item Recommendation", Proceedings of the 32nd AAAI Conference on Artificial Intelligence, New Orleans, L. O., 2018.

② Zhu Sun, et al., "Research Commentary on Recommendations with Side Information: A Survey and Research Directions", *Electronic Commerce Research and Applications* 37, 2019, pp. 100879.

③ Rianne van den Berg, et al., "Graph Convolutional Matrix Completion", 2017, arXiv: 1706. 02263.

④ Yuxiao Dong, et al., "Meta – Path 2Vec: Scalable Representation Learning for Heterogeneous Networks", Proceedings of the ACM SIGKDD International Conference on Knowledge Discovery and Data Mining, Washington D. C., 2017.

有相似偏好的用户被有权重的边相连接，权重代表着用户之间的相似度。同理，项目隐性关系图也包含着项目相似度的信息。

（2）对用户和项目的辅助信息，本章使用卷积神经网络进行提前训练，然后将训练后的辅助信息加入隐性关系图的节点特征向量中，使用图注意力机制对含有辅助信息的隐性关系图进行处理，深度挖掘隐性关系的信息，赋予用户邻域不同的权重，进而保存同种类型节点之间的相似性信息。

（3）同时，本章采用二部图中节点信息传递和图自编码器的方法，对显性关系的语义信息进行学习，然后与隐性信息的图表示学习方法进行结合，从而达到推荐的目的。

本章将 AIRC 应用在由真实数据集构成的 Movielens 数据集上，并且进行评分预测的推荐，实验结果表明，相比于其他二部图基准方法，AIRC 在评分预测问题中将 RMSE 指标降低了 7.55% ~9.08%。同时，由于加入了辅助信息和隐性关系，AIRC 就可以缓解推荐系统冷启动的问题。

本章的结构安排如下：3.2 节介绍 AIRC 的整体设计，分别介绍隐性图的构造、辅助信息学习及二部图交互信息的嵌入表示；3.3 节展示实验方法，并对结果进行对比分析；3.4 节总结本章内容。

3.2　二部图隐性关系学习模型

3.2.1　AIRC 框架

首先，我们将本章研究的问题归纳如下：假设给定一个二部图 $G=(U, V, E)$ 和权重矩阵 W（或者叫作邻接矩阵），其中 U 和 V 代表两种类型的节点，$E \in U \times V$ 代表节点 U 和 V 之间的边集合。$W=(w_{ij})$ 代表边的权重，$w_{ij}=w_{ji}$。如果 $(i, j) \notin E$，$w_{ij}=0$；如果

$(i, j) \in E$，$w_{ij} > 0$，代表着节点 i 和 j 之间的连接强度。对于给定的 G，评分预测和推荐的任务可以当作是补全权重矩阵 W，预测用户对没有历史交互项目的评分，根据评分完成推荐任务。

AIRC 的框架如图 3 - 2 所示，主要分为三个部分：隐性关系图重构、辅助信息提取、显性关系提取。

对于隐性关系提取，首先将用户—项目交互二部图重构为用户隐性关系图和项目隐性关系图，同时使用卷积神经网络对用户和项目的辅助信息进行提取，作为节点特征向量融入隐性关系图中，然后使用注意力机制对两个隐性关系图进行学习。另一方面，显性关系提取使用图自编码器的思想，在编码器中使用信息传递的方法将项目特征传给用户，再用双线解码器对评分进行预测。在 AIRC 框架中，图注意力机制作为整体架构的一层与图自编码器进行联合学习，从而将隐性信息和显性信息相结合，从而得到评分预测。

3.2.2　隐性关系图重构

如 3.1 节所述，交互二部图中既含有显性关系也含有隐性关系。显性关系通常反映了不同类型节点之间的交互，比如用户购买商品、论文之间相互引用。现有的研究大多专注于提取显性关系[①]，忽略了隐性关系对推荐的重要性。因此，本章提出将二部图重构为隐性关系图，借此学习隐性关系的隐藏特征。

---

① Xiangnan He, et al., "Neural Collaborative Filtering", Proceedings of the 26th International World Wide Web Conference, Perth, 2017; Rianne van den Berg, et al., "Graph Convolutional Matrix Completion", 2017, arXiv: 1706. 02263; Xiangnan He, et al., "Fast Matrix Factorization for Online Recommendation with Implicit Feedback", Proceedings of the 39th International ACM SIGIR Conference on Research and Development in Information Retrieval, Pisa, 2016; Yoon Kim, "Convolutional Neural Networks for Sentence Classification", 2014, arXiv: 1408. 5882.

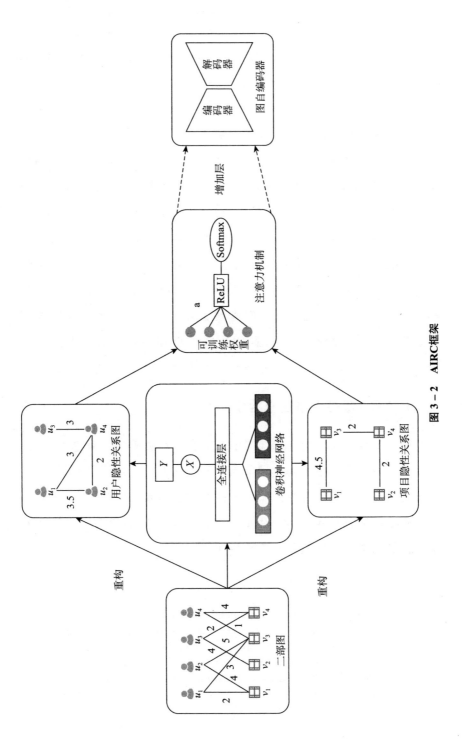

图 3 − 2　AIRC框架

给定二部图 $G=(U, V, E)$，将其重构为两个同构图 G_u 和 G_v，分别针对两种类型的节点 U 和 V。对于这两个含有隐性关系信息的同构图，首先给出 k 阶隐性关系图的定义。

定义 3.1：对于二部图 $G=(U, V, E)$ 和权重矩阵 W，定义 k 阶隐性关系图 $G_N^k=(N, R_N)$ 以及隐性关系图 G 的权重矩阵 L，其中 N 为 U 时代表了由节点 U 构成的用户隐性关系图 G_U^k，N 为 V 时代表了由节点 V 构成的项目隐性关系图 G_V^k，$R_N=(R_u, R_v)$ 代表两个节点的隐性关系，而且 $R_u \in U \times U$，$R_v \in V \times V$。定义 $r_{u_i, u_{i'}} \in R_U$ 和 $r_{v_j, v_{j'}} \in R_V$，如果分别在二部图 G 中的节点 $(u_i, u_{i'})$ 和 $(v_j, v_{j'})$ 中存在一条 k 阶最短路径 p，同时保证 $i, i' \in \{1, 2, \cdots, |U|\}$，$j, j' \in \{1, 2, \cdots, |V|\}$。对于权重矩阵 L，可以通过函数 $L_U^k=[F(w_{im}, w_{i'm}) | m \in V, m \in p]$ 或者 $L_V^k=[F(w_{jm}, w_{j'm}) | m \in U, m \in p]$ 来计算，其中 m 是最短路径 p 的中间节点。

然而，构造高阶路径的难度系数很高，尤其是对大型图而言，构造的复杂度呈指数型增长。因此，本章采用一阶隐性关系图进行研究。一方面，是为了在复杂度和效率之间取得平衡；另一方面，一阶隐性关系图中已经包含了节点一阶邻域的隐藏特征信息。采用图注意力机制对隐性关系图进行信息提取时，也可以挖掘一部分高阶邻域关系，从而捕捉到用户和项目的高阶关系。为了简单表示，使用 G_U 和 G_V 代表一阶隐性关系图。

此外，权重矩阵的信息也应该尽可能保存，因此，将定义 3.1 中的权重函数定义为如下函数：

$$F(w_{im}, w_{i'm}) = \frac{\sum_{m \in V, m \in p}[C-(w_{im}-w_{i'm})]}{S} \quad (3-1)$$

其中，S 代表节点 u_i 和 $u_{i'}$ 之间最短路径 p 的数量，C 代表权重矩阵 W 的最大值。这个函数定义了节点之间的相似程度。如果两个用户看过相同的电影而且评分一致，那么两个用户之间的相似度更高；如果两个用户看过相同电影但是评分差距很大，那么他们两个之间的相似度不高，用户之间的连接强度也应该较弱，权重数值较小。

图 3 - 3（a）给出了一个用户—电影二部图，边代表用户给电影的评分。根据定义 3.1，图 3 - 3（b）和图 3 - 3（c）是重构的用户隐性关系图 $G_U = (U, R_U)$ 和项目隐性关系图 $G_V = (V, R_V)$。如图 3 - 3（b）所示，在节点 u_1 和 u_2 之间存在权重为 2 的边 $r_{u_1, u_2} \in (u_1, u_2)$，代表两者之间存在最短路径。此外，权重 $l_{u_1, u_2} = 2$ 是由两条最短路径 $u_1 \to v_1 \to u_2$ 和 $u_1 \to v_2 \to u_2$ 计算而来。此外，在隐性关系图中，保留了原始二部图 G 的语义信息。例如，在图 3 - 3（b）中，边 r_{u_5, u_7} 代表着用户 u_5 和 u_7 都看过电影 v_5，标注的权重 $l_{u_5, u_7} = 5$ 在评分范围 1 ~ 5 中属于最大的权重，说明他们之间的相似度很高，因此在推荐的时候双方评价高的电影在一定程度上可以互相推荐，这一点和协同过滤思想类似。

3.2.3 辅助信息提取

除了二部图中的结构信息，辅助信息对推荐来说同样重要。在本章中，一方面，使用卷积神经网络对用户和电影的属性进行处理，得到用户和电影的特征向量；另一方面，使用图注意力机制将特征向量和隐性关系图作为输入，深入挖掘隐性关系图中节点的隐藏特征。预训练的用户和电影的特征向量可以使图注意力机制更快达到平衡点，从而更快地得到推荐结果。

3.2.3.1 卷积神经网络

如图 3 - 4 所示，卷积神经网络包括两部分：用户特征网络和电影特征网络。数据的预处理主要针对三种类型：单值、多值及文本。对于单值属性，如用户序号、用户性别、用户年龄、用户职业、电

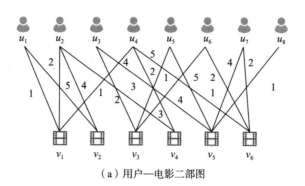

（a）用户—电影二部图

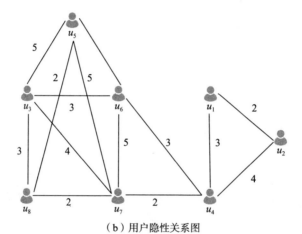

（b）用户隐性关系图

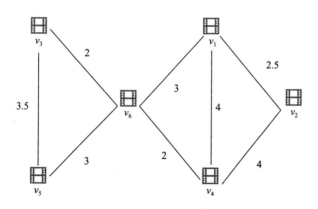

（c）项目隐性关系图

图 3 - 3　隐性关系图重构

影序号、电影类型等，使用 One－Hot 进行编码，并将它们分别输入全连接层中。就电影类型来说，组合可以多种多样，如电影可以同时为喜剧片和浪漫片。Movielens 中总共有 18 个类型，可以使用数字索引将特征矩阵进行连接，然后输入全连接层中。对电影名称的处理比较特殊，需要经过文本卷积网络[①]。将每一个单词的嵌入向量组成矩阵，后使用不同串口的卷积核在矩阵上做卷积，通常使用 2×2、3×3、5×5。然后通过池化层，使用 Dropout 进行正则化，最后得到电影名称的嵌入向量。

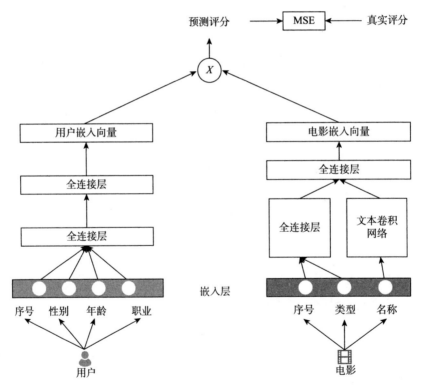

图 3－4　使用卷积神经网络对用户和电影特征进行提取

---

① Yoon Kim，"Convolutional Neural Networks for Sentence Classification"，2014，arXiv：1408.5882.

接下来，分别对用户和电影卷积神经网络进行介绍。对用户特征向量的提取，主要使用两层全连接层，第一层是将不同的特征嵌入成相同维度 1×128 的向量：

$$f_i = \mathrm{ReLU}(C_i \times k_i + b_i),$$
$$f_{u\_dense1} = f_{id} \oplus f_{gender} \oplus f_{age} \oplus f_{occupation} \tag{3-2}$$

其中，i 代表不同的用户属性，C_i 代表输入的特征矩阵，k_i 是卷积核，b_i 是偏置，然后将不同特征 f 相连接，输入第二层全连接层，使得特征向量和电影特征网络保持同一维度 1×200：

$$f_{u\_dense2} = \mathrm{Tanh}(f_{u\_dense1} \times k_2 + b_2) \tag{3-3}$$

另一方面，对电影名称特征向量，使用文本卷积神经网络来进行提取。如图 3-5 所示，首先将词转换成为词向量。假设一个句子包括 n 个词语，那么这个句子可以用下面的公式表示：

$$x_{1:n} = x_1 \oplus x_2 \oplus \cdots \oplus x_n \tag{3-4}$$

然后使用卷积核 $w \in R^{hk}$ 对 h 个词语窗口进行过滤，进而得到特征向量 c_i：

$$c_i = \mathrm{Tanh}(w \times x_{i:i+h-1} + b) \tag{3-5}$$

这个卷积滤波器的维度随每个可能的词窗口而变化，从而生成特征地图（Feature Map）：

$$c = [c_1, c_2, \cdots c_{n-h+1}] \tag{3-6}$$

接下来，使用最大池化层对重要特征句子的信息进行提取：

$$\hat{c} = maxpool(c) \tag{3-7}$$

然后，通过 Dropout 正则化可以得到电影名称的特征向量 f_{titles}，

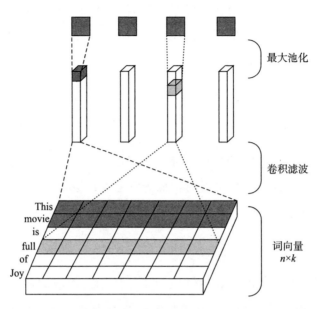

图3-5　使用文本卷积神经网络提取电影名称的特征向量

通过公式（3-2）可以得到 f_{vid} 以及 f_{genres}。接下来的处理方式与用户特征网络相同，将电影的各个特征向量相连接，然后使用全连接层得到维度为 1×200 的电影特征向量：

$$f_{v\_dense1} = f_{vid} \oplus f_{genres} \oplus f_{titles}$$
$$f_{v\_dense2} = \text{Tanh}(f_{v\_dense1} \times k_2 + b_2)$$

（3-8）

　　为了得到用户和电影的特征向量，将上述用户和电影网络的结果相乘并且与真实评分进行归一化操作，最优化 MSE 损失函数。经过以上预训练，可以得到用户和电影的隐藏特征向量 f_u 以及 f_v，将它们输入图注意力机制中。

3.2.3.2　图注意力机制

　　目前，注意力机制被广泛应用于各种深度学习任务中，其最大的优点在于可以在更大型、更稀疏的数据中挖掘出最重要的信息。

基于 Google 团队[①]和图注意力机制[②]，本章使用自注意力机制及多头注意力（Multi – Headed Attention）机制来处理隐性关系的信息。相较于普通的注意力机制，自注意力机制可以更好地学习节点周围邻域的重要信息，而不是全图的节点信息，而多头注意力机制则可以更好地区别不同语义的邻域的重要性。

假设给定用户隐性关系图 G_u 和项目隐性关系图 G_v，图注意力机制如同一层神经网络，目标是得到下一层的隐藏嵌入表示。对于用户隐性关系图，一个用户节点可以表示为 $n_i = \{f_{i_1}, f_{i_2}, \cdots, f_{i_F}\}$，$F$ 代表特征数量。图 3 – 6 和下面的公式讲解了图注意力机制从 l 层到 $l+1$ 层的过程，在 $l+1$ 层得出的结果形式为 $n_i^{l+1} \in R^{F'}$：

$$z_i^l = W^l n_i^l \tag{3 – 9}$$

$$e_{ii'}^l = \text{LeakyReLU}\left[\vec{a}^{l^T}(z_i^l \oplus z_{i'}^l)\right] \tag{3 – 10}$$

$$a_{ii'}^l = \frac{\exp(e_{ii'}^l)}{\sum_{k \in N} \exp(e_{ik}^l)} \tag{3 – 11}$$

$$n_i^{l+1} = \text{Sigmoid}\left(\sum_{i' \in N} a_{ii'}^l z_{i'}^l\right) \tag{3 – 12}$$

首先，公式（3 – 9）代表节点 n_i^l 的嵌入表示过程，$W^l = F' \times F$ 是可训练的权重矩阵。公式（3 – 10）是节点和它周围邻域 $n_{i'}$ 之间的注意力分数，将计算出来的嵌入向量 z 相连接，与可训练的另一个权重向量 $\vec{a}^l \in R^{2 \times F'}$，使用 LeakyReLU 激活，得到的结果用公式（3 – 11）计算 Softmax，最后用公式（3 – 12）计算有权重的邻域特征信息。整个过程包括两个可训练权重 a 和 W。其中，权重 W 主要负责一个节点中不同特征的重要性，而 a 负责一个节点周围邻域的不同重要性。

---

①　Ashish Vaswani, et al., "Attention Is All You Need", Advances in Neural Information Processing Systems 30, Long Beach, C. A., 2017.

②　Petar Veličković, et al., "Graph Attention Networks", 2017, arXiv: 1710.10903.

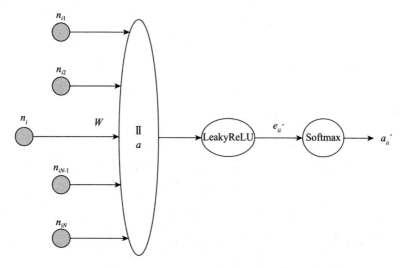

图 3 - 6　使用图注意力机制处理用户和项目隐性关系图

此外，本章还使用了多头注意力机制[①]。多头注意力机制的主要思想是将节点特征表示映射到不同的空间，每个空间代表着不同种特征的离散分布信息，然后将这些映射相结合，可以从不同角度分析节点邻域的重要性，k 代表注意力空间的数量：

$$n_i^{l+1} = \|_{k=1,\cdots K} , \mathrm{Sigmoid}(\sum_{i \in N} a_{ii'}^k W^k h_{i'}^l) \qquad (3-13)$$

综上所述，辅助信息提取的过程如下：使用卷积神经网络对用户和项目的辅助信息进行预处理，得到的结果作为节点特征输入用户和项目隐性关系图，然后使用图注意力机制对隐性关系进行挖掘。

3.2.4　显性关系提取

在交互二部图中，显性关系指的是两种不同种类节点之间的边。显性关系一般蕴含着丰富的交互信息，项目的隐藏特征可以在交互

---

① Ashish Vaswani, et al. , "Attention Is All You Need", Advances in Neural Information Processing Systems 30, Long Beach, C. A. , 2017.

中传给用户，有助于了解用户偏好。因此，可以采用信息传递和图自编码器的方法，在编码器阶段将用户交互过项目的隐藏特征聚合在一起，通过解码器对信息进行重构，然后利用重构误差对模型进行训练和学习。在二部图中有两种类型的节点，可以将信息传递分为用户→项目、项目→用户两种方式分别计算。

在编码器端，以用户为例，用户的嵌入向量是从交互过的项目中收集信息，公式如下：

$$h_{u_i} = \sigma \left[\|_{r \in R} \left(\sum_{v_j \in N_i} \mu_{v_j \to u_{i,r}} \right) \right] \tag{3-14}$$

其中，N_i 代表节点用户 u_i 的邻域集合，$\mu_{v_j \to u_{i,r}}$ 代表的是从项目 v_j 流向用户 u_i 的信息，同时用户和项目连接的边的种类为 r。具体算法为 $\mu_{v_j \to u_{i,r}} = \dfrac{1}{c} W_r x_{v_j}$，其中 c 为正则化常数（Regularization Constant）。$\|$ 是联结符号（Concatenation），σ 代表激活函数，这里使用 LeakyReLU。

在收集这些显性关系信息后，需要融入用图注意力机制处理后的隐性关系的特征表示，进行联合学习，融入的方法为：

$$u_i = \sigma(W h_{u_i} + W_2 n_i) \tag{3-15}$$

W 和 W_2 都是可训练的参数，n_i 是通过图注意力机制计算出来的含有隐性关系的用户的特征嵌入表示，得到的 u_i 是编码器计算出的用户的特征表示。用相同的方法可以得到项目的特征表示。

解码器端的主要任务是用 Softmax 函数获得评分的可能性分布，从而计算出预测的分数 $\hat{y}_{ij}$，Q_r 和 Q_t 是可训练的参数：

$$p(\hat{y}_{ij} = r) = \frac{e^{u_i^T Q_r v_j}}{\sum_{t \in R} e^{u_i^T Q_t v_j}} \tag{3-16}$$

$$\hat{y}_{ij} = \sum_{r \in R} r p(\hat{y}_{ij} = r) \tag{3-17}$$

模型训练的目标是最小化预测评分和实际评分的差距：

$$L = -\sum_{r \in R} I(r = \hat{y}_{ij}) \log p(\hat{y}_{ij} = r) \qquad (3-18)$$

如果 r 和 $\hat{y}_{ij}$ 相等，则 $I(\cdot) = 1$，相反等于 0。

上述算法的流程描述如图 3 – 7 所示：首先，将二部图进行重构，第 2 步和第 3 步是根据公式（3 – 2）到公式（3 – 8）计算得出预处理的用户和项目辅助信息，并且在第 6 步作为节点特征输入隐性关系图中，使用图注意力机制进行联合学习。同时，图注意力机制与图自编码器进行联合学习，最优化损失函数。

算法 3 – 1. AIRC 算法

输入：二部图 $G = (U, V, E)$，辅助信息 C_u 和 C_v

输出：用户和项目的嵌入表示 u_i 和 v_j，评分预测 $\hat{y}_{ij}$

1：重构二部图 G 成为用户隐性关系图和项目隐性关系图 G_u 和 G_v

2：用户辅助信息矩阵 $f_u = CNN\ (C_u)$

3：项目辅助信息矩阵 $f_v = CNN\ (C_v)$

4：for $i = 1, \ldots$, max_ iter do

5：使用公式（3 – 14）对用户邻域信息和项目邻域进行信息传递

6：使用公式（3 – 9）至公式（3 – 13），使用多头注意力机制对包含辅助信息的隐性关系图进行处理，得到用户嵌入表示和项目表示

7：通过公式（3 – 15）将显性关系和隐性关系融合

8：根据公式（3 – 16）至公式（3 – 18）更新参数 $\vec{a}^{(l)}$、$W^{(l)}$、W 和 W_2，再根据梯度下降法最小化 L

9：end for

图 3 – 7　AIRC 算法流程

3.3　实验评估及分析

3.3.1　数据集及预处理

本章主要使用 Movielens① 数据集进行 AIRC 算法的性能验证，

---

① https://grouplens.org/datasets/movielens/.

该数据集来源于 Movielens 网站记录，描述的是用户对各部电影的评分。本章使用这个数据集的主要原因在于该数据集包含用户和项目的辅助信息，可以更好地对用户和项目进行侧写，以更好地贴合本章所使用的算法。在实验过程中，主要选取 Movielens – 100K 和 Movielens – 1M 两个数据集，具体的统计数值如表 3 – 1 所示。

表 3 – 1　AIRC 实验中数据集的基本统计信息

数据集	#电影	#用户	#评分	密集度
Movielens – 1M	3706	6040	1000209	0.0447
Movielens – 100K	1682	943	100000	0.0630

数据预处理：用户辅助信息包括用户名、性别、年龄和职业。对于性别，0 代表女性，1 代表男性。将用户年龄如表 3 – 2 所示分为 7 组，职业分为 21 种。电影辅助信息包括电影名称、类型等。对于电影名称，首先需要创建从文本到数字的字典，然后将文本描述转换为列表，使用文本卷积网络进行处理。

表 3 – 2　用户年龄分类

年龄（岁）	编码
< 18	1
18 ~ 24	18
25 ~ 34	25
35 ~ 44	35
45 ~ 49	45
50 ~ 55	50
> 55	56

隐性关系图：根据定义 3.1，可以重构交互二部图成为用户隐性关系图和项目隐性关系图，具体统计结果如表 3 – 3 所示。可以看出，一阶隐性关系图中边的数量级已经达到百万，而高阶图中边的

数量呈指数型增长。这些高阶信息容易造成噪声，影响推荐结果，因此，本章使用一阶隐性关系图。

表 3 – 3　隐性关系图基本统计信息

数据集	隐性关系图	#节点	#边
Movielens – 1M	用户	3706	9469555
	项目	6040	32721414
Movielens – 100K	用户	943	859323
	项目	1682	1574374

3.3.2　基准方法

在实验中采用以下几种基准方法和 AIRC 对比结果，主要包括矩阵补全、自编码器和协同过滤相关推荐系统技术。

（1）GCMC 使用图自编码器技术对二部图系统进行矩阵补全，即预测推荐任务，主要的思想也是针对不同节点进行信息传递[①]。在对比实验中，参数设置为：$Dropout = 7$，$Layer\_Size = [50075]$。对于学习过程，学习率为 0.01，对于数据集 Movielens – 100K，$Batch\_Size$ 设置为 50，对于数据集 Movielens – 1M，$Batch\_Size$ 设置为 100。

（2）MC（Matrix Completion）证明矩阵补全技术面临的问题可以由凸优化模型来解决，是矩阵补全中经典的算法之一，尤其是对低秩矩阵（Low – Rank Matrix）很有效果[②]，本章将秩最小化替换为核范数最小化（矩阵奇异值的总和），将目标函数转化为可处理的凸函数。

[①]　Rianne van den Berg, et al. , "Graph Convolutional Matrix Completion", 2017, arXiv: 1706.02263.

[②]　Emmanuel J. Candès, Benjamin Recht, "Exact Matrix Completion Via Convex Optimization", *Foundations of Computational Mathematics* 9（6）, 2009, pp. 717 – 772.

（3）GMC（Geometric Matrix Completion）在 MC 基础上加入了图卷积网络的思想，使得矩阵的集合结构更为平滑，再通过 LSTM 得到最后的矩阵补全结果[①]。

（4）SRGCNN（Separable Recurrent Multi – Graph CNN）利用深度学习解决矩阵补全推荐问题，整个结构包括用于空间表示学习的卷积神经网络以及 LSTM 的矩阵扩散[②]。在对比试验中，设一阶切比雪夫多项式 $p=5$，输出维度为 32，LSTM 神经元为 32 个，扩散步骤 $T=10$。

（5）PMF（Probabilistic Matrix Factorization）主要针对大型数据集，尤其是评分很少的稀疏数据集，使用采样概率的方法进行矩阵分解[③]。在实验中，特征维度设为 60。

（6）NNMF（Neural Network Matrix Factorization）扩展了矩阵分解，通过前馈神经网络传递潜在的用户和项目特征[④]。特征维度在实验中设为 60，学习率设为 0.05。

（7）U – AutoRec（User – Based Auto – Encoder for CF）结合了协同过滤算法和自编码器[⑤]。在编码器端对用户或者项目进行嵌入表示，在解码器端进行重构。在对比试验中，使用一层隐藏层且隐藏元个数设为 50，学习率为 0.001。

（8）CF – NADE（CF – Based Neural Autoregressive Distribution Estimation）采用了自编码器的思想，用户方向只接收项目传过来的

① Vassilis Kalofolias, et al., "Matrix Completion on Graphs", 2014, arXiv: 1408.1717.
② Federico Monti, Michael Bronstein, Xavier Bresson, "Geometric Matrix Completion with Recurrent Multi – Graph Neural Networks", Proceedings of the Advances in Neural Information Processing Systems 30, Long Beach, C.A., 2017.
③ Andriy Mnih, Russ R. Salakhutdinov, "Probabilistic Matrix Factorization", Proceedings of the Advances in Neural Information Processing Systems 20, Whistler, B.C., 2007.
④ Gintare Karolina Dziugaite, Daniel M. Roy, "Neural Network Matrix Factorization", 2015, arXiv: 1511.06443.
⑤ Suvash Sedhain, et al., "AutoRec: Autoencoders Meet Collaborative Filtering", Proceedings of the 24th International Conference on World Wide Web, Florence, 2015.

信息，项目只接收用户的信息①。不同于 GCMC，这个方法构造了用户项目全连接图，在编码器端用户没有打分的项目自动被标记为 3 分。参数设置与 U – AutoRec 一致。

3.3.3 实验结果与分析

在这次实验中，参数的设置基本与 GCMC 一致：对于 Movielens – 100K，数据集的 80% 用于训练，20% 用于验证；对于 Movielens – 1M，数据集的训练和验证比例为 9∶1；同时，*Dropout* 为 0.7，图注意力机制中的特征维度为 8，注意力头数共为 8 个。本章采用评分预测 RMSE 作为推荐质量的评价指标。

3.3.3.1 不同算法比较结果

对于 Movielens – 100K，将 AIRC 与基于矩阵补全的推荐方法做比较，结果如表 3 – 4 所示；对于 Movielens – 1M，将 AIRC 与基于协同过滤的混合推荐方法做比较，结果如表 3 – 5 所示。通过对两张表的观察可以得出如下结论。

表 3 – 4 数据集 Movielens – 100K 的 AIRC 与基准方法的实验结果比较

算法	RMSE
MC	0.973
GMC	0.996
SRGCNN	0.929
GCMC（with features）	0.910
AIRC（Ours）	0.892

---

① Yin Zheng, et al. , "A Neural Autoregressive Approach to Collaborative Filtering", Proceedings of the 33rd International Conference on Machine Learning, New York, 2016.

表 3 - 5 数据集 Movielens - 1M 的 AIRC 与基准方法的实验结果比较

算法	RMSE
PMF	0. 883
U - AutoRec	0. 874
NNMF	0. 843
CF - NADE	0. 829
GCMC（with features）	0. 832
AIRC（Ours）	0. 821

（1） AIRC 的实验结果比其他基准方法要好，无论是在数据集 Movielens - 100K 还是 Movielens - 1M 的实验中，RMSE 都达到了最低值，推荐结果达到了最优。具体来说，对于表 3 - 4 中的数据集，相比于经典的矩阵补全方法 MC，RMSE 数值降低了 8.32%；相比于 GCMC，同样是运用信息传递的图表示学习，RMSE 数值降低了 1.98%。对于表 3 - 5 中的数据集，相较于 GCMC，AIRC 的评分准确率提高 1.32%，与 PMF 相比，AIRC 的评分准确率提高了 7%。因为 GCMC 只对显性关系进行处理，而 AIRC 建立了隐性关系图，并且使用图注意力机制，使得用户—用户、项目—项目之间的深层关系得到学习，说明隐性关系在提升推荐系统质量上有重要作用。

（2） 在数据集 Movielens - 100K 上，SRGCNN 相比于 MC 和 GMC 的评分准确率有所提升，因为 SRGCNN 使用了图自编码器的结构，运用多图神经网络进行学习，说明图表示学习相比于传统矩阵分解技术提高了推荐的准确性。

（3） 对于数据集 Movielens - 1M，U - AutoRec 使用自编码器和协同过滤技术分析用户和项目嵌入表示，其推荐结果比 PMF 的结果要好，说明深度学习在推荐系统中的应用可以提高推荐质量。

（4） NNMF 相比于 PMF 和 U - AutoRec 基准方法来说，加入了前馈神经网络，可以更好地处理 Movielens - 1M 数据集中的非线性特征，更好地找到用户之间的相似度，因此可以获得更好的推荐结果。

（5）在数据集 Movielens - 1M 中，CF - NADE 的推荐结果在基准方法中最准确，原因在于它使用了分层学习率和评分的自回归模型，通过深度学习获得用户和项目的关联。然而，该方法相较于 GCMC 而言，参数较多，计算复杂度较高。因此，虽然 CF - NADE 在一定程度上提升了推荐的准确性，但是 GCMC 在实际应用中受到了更多研究者的青睐，达到了推荐质量和计算复杂度的平衡。

（6）AIRC 在数据集 Movielens - 1M 中的推荐准确性整体高于 Movielens - 100K，原因在于，在数据集 Movielens - 100K 中，每个用户对项目的评分数量不高于 20 个，导致每个用户和项目的交互信息少于 Movielens - 1M，相比于前者更难以准确地把握用户的偏好，因此推荐的准确性低于 Movielens - 1M。

此外，本章对 AIRC 与 GCMC 的收敛性进行比较，图 3 - 8 给出了 AIRC 和 GCMC 从系统运行开始每一代（Epoch）的训练以及验证收敛性的比较。通过实验，可以得出以下观察结果。

（1）AIRC 的初始 RMSE 比 GCMC 小，且随着训练和验证的进行而降低。在 Movielens - 100K 中，RMSE 相比于 GCMC 在第一代训练开始的时候就减少了 8.0%；对于 Movielens - 1M，RMSE 减少了 4.7%。

（2）AIRC 可以更快地得到最优结果。在 Movielens - 100K 中，GCMC 在第 89 代训练时得到了最优 RMSE 结果，而 AIRC 在第 50 代时就达到了最优化并且收敛。可以说明，使用了辅助信息和隐性关系的 AIRC 可以更快地收敛并且得到预测更准确的评分，从而为用户推荐评分较高的项目。

3.3.3.2 冷启动实验

为了验证 AIRC 缓解冷启动问题的能力，将数据集 Movielens - 100K 中一定数量的用户 N_c 转化为冷启动用户（Cold - Start Users），$N_c = \{0, 50, 100, 150\}$。在训练数据集中将这些用户的评分数据删

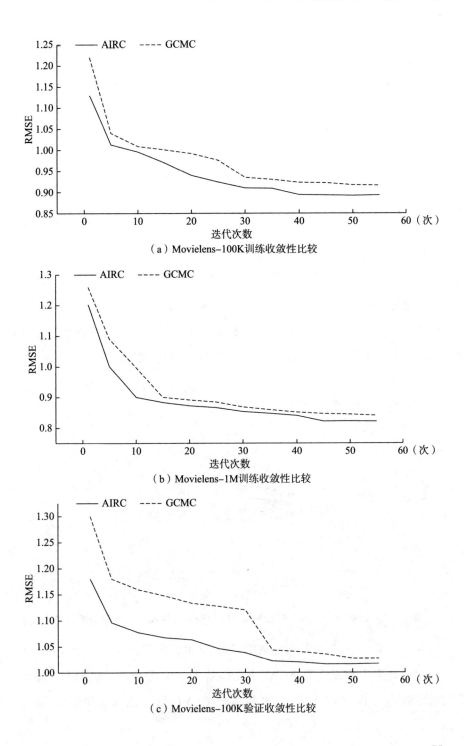

（a）Movielens-100K训练收敛性比较

（b）Movielens-1M训练收敛性比较

（c）Movielens-100K验证收敛性比较

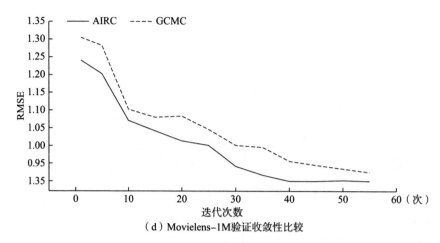

（d）Movielens–1M验证收敛性比较

图 3 – 8　AIRC 和 GCMC 的收敛性对比

除，使得每个用户只保留一定数量的评分 N_r，且 $N_r = \{1，5，10\}$。图 3 – 9 给出了 AIRC 和 GCMC 在缓解推荐系统冷启动问题上的比较结果，推荐指标采用 RMSE，可以得出如下观察结果。

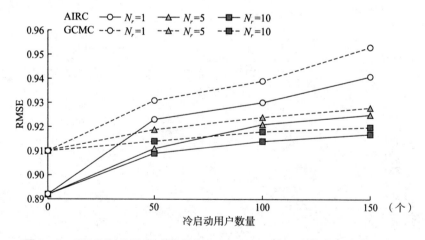

图 3 – 9　AIRC 和 GCMC 在数据集 Movielens – 100K 上的冷启动实验对比

（1）同为图表示学习，AIRC 和 GCMC 在缓解冷启动问题上有不同的效果。实线代表 AIRC 的推荐结果，虚线代表 GCMC 的结果，可以看出 AIRC 的 RMSE 结果整体比 GCMC 低，说明无论数据集中冷启动的用户是多还是少、用户的评分数量如何变化，AIRC 都可以更好地缓解冷启动问题。原因在于，AIRC 可以更好地运用用户、项目的辅助信息，经过神经网络的训练，捕获用户和项目的隐藏特征。

（2）RMSE 的数值随着 N_r 的增大而增大。当 $N_r = 10$ 时，数据集中每个用户的评分得到最大限度的保留，方形标注线的 RMSE 数值较低，说明推荐系统的冷启动问题程度较轻；而当 $N_r = 1$ 时，每个用户只保留 1 个评分数据，推荐系统不能根据这些数据对用户偏好做出准确的判断，因而面临着严重的冷启动问题，圆圈标注线代表的 RMSE 数值较高，推荐的准确性较低。

（3）RMSE 的数值随着 N_c 的增大而增大，代表去掉用户数据的数量越多，推荐系统的冷启动问题越严重，在图中表示为正比例递增的关系。

（4）当 $N_r = 1$、$N_c = 150$ 时，本次实验的冷启动问题最严重。然而，相较于 GCMC，AIRC 在 RMSE 数值上降低了 1.26%。当 $N_r = 10$、$N_c = 150$ 时，冷启动的问题较轻，相较于 GCMC，AIRC 在 RMSE 数值上降低了 0.33%。说明相比于 GCMC，AIRC 可以在稀疏的数据集上更好地缓解冷启动问题，通过预处理的用户、项目辅助信息和隐性关系，更好地捕获用户偏好，做出更准确的推荐。

此外，本章的 AIRC 算法在冷启动问题最严重的情况下，得到的推荐准确性仍比 3.3.3.1 小节中 MC 和 GMC 的推荐准确性更高，说明 AIRC 算法可以有效地缓解冷启动问题，而且可以获得满足用户需求的推荐结果。

3.3.3.3　参数敏感性实验

对 AIRC 的不同变体进行比较：①使用 CNN 预训练用户和项目辅助信息作为隐性关系图的节点特征向量；②使用随机初始化（Random Initialization）的方法初始化节点特征向量；③使用 One-Hot 编码初始化节点特征向量。由于辅助信息的变化主要影响推荐系统的准确性和缓解冷启动的问题，因此本节对这三种变种在冷启动问题较为严重的系统即 $N_r = 1$ 时做实验，结果如图 3-10 所示，可以得出以下观察结果。

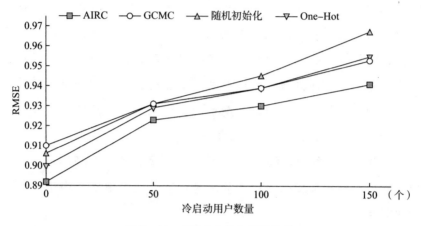

图 3-10 AIRC 变体之间的比较

（1）使用随机初始化和 One-Hot 编码都会降低 AIRC 算法的推荐准确性，即当 $N_c = 0$ 时，这两个变种的 RMSE 数值相比于 AIRC 分别提高了 1.57%、0.89%，说明使用卷积神经网络预处理的辅助信息可以更好地帮助推荐系统刻画用户和项目属性，找出它们之间的隐藏特征，进而做出更准确的推荐。

（2）One-Hot 编码的推荐准确性高于随机初始化，原因在于，One-Hot 编码也使用了辅助信息，只不过将其转化为 0 和 1，使得用户和项目特征过于简单，不能有效地表示用户的偏好。而随机初始化并没有使用辅助信息，容易陷入局部极值的情况。

（3）相比于 GCMC，AIRC 及其两个变体在原始数据集上的 RMSE 都更低，说明融合隐性关系可以提高推荐的准确性。然而，随着冷启动问题的加剧，即随着冷启动用户数量增多，随机初始化和 One-Hot 编码的 RMSE 数值相继高于 GCMC。原因在于，在数据量不足的情况下，用户和项目的辅助信息可以更好地帮助推荐系统了解用户需求，经过 GCMC 线性处理的辅助信息更好地捕捉了用户偏好，比 One – Hot 编码和随机初始化可以更好地缓解冷启动问题。

3.4　本章小结

二部图推荐系统主要采用节点和边嵌入表示的方法学习用户和项目的特征向量，然而，目前的研究主要针对用户和项目交互的显性关系，对用户之间、项目之间的隐性关系缺少研究，而这种隐性关系蕴含着相似性的隐藏特征，可以有效提升推荐系统的准确性。本章提出了基于二部图隐性关系学习的 AIRC 算法，加入了用户和项目的辅助信息和二部图中的隐性关系信息，通过图表示学习的方式对隐性关系图和二部图进行联合学习。首先，对二部图中的隐性关系进行重构，重构后的隐性关系图中包含了相同类型的实体之间的相似特征。其次，使用卷积神经网络对用户和项目的辅助信息进行预训练，作为隐性关系图中的节点特征向量，采用图注意力机制进行分析，并且赋予不同邻域不同的重要性。对于二部图的显性关系，采用图自编码器的信息传递方式，和隐性关系图联合学习，从而进行评分预测以完成推荐任务。最后，使用 Movielens 数据集对 AIRC 算法的推荐准确性和缓解冷启动问题的能力进行测试。实验表明，对比当前的矩阵补全技术和协同过滤方式，AIRC 能更好地捕捉用户需求、提高推荐的准确性，并且更好地缓解推荐系统的冷启动问题。

第4章

基于社交网络图表示学习的推荐系统

4.1 引言

第3章研究了直接应用于推荐系统二部图的图表示学习方法，并且加入了用户和项目的特征辅助信息。然而，在实际上，除了用户和项目的特征信息可以作为辅助信息提高推荐质量，用户和用户之间还会存在社交关系，也可以增加推荐系统的多样性，比如微博中用户的相互关注、朋友圈的互为好友。根据同质性原理①，用户关系的紧密程度影响着他们偏好的相似度，社交关系如友情、信任、名人效应都可以影响用户的个人喜好和选择②。因此，将社交网络融入推荐系统可以提高推荐的质量。传统的社交网络推荐通常使用用户—项目的交互信息作为第一线索，用来了

---

① Peter V. Marsden, Noah E. Friedkin, "Network Studies of Social Influence", *Sociological Methods & Research* 22 (1), 1993, pp. 127 – 151.

② Jiliang Tang, et al. , "Recommendation with Social Dimensions", Proceedings of the AAAI Conference on Artificial Intelligence, Phoenix, Arizona, 2016; Jiliang Tang, et al. , "Exploiting Local and Global Social Context for Recommendation", Proceedings of the IJCAI, Beijing, 2013.

解用户的偏好和活动轨迹。然后通过协同过滤或深度学习方法将交互信息和用户社交信息相融合，从而进行推荐[1]。Guo 等将用户信任网络的社交信息加入用户相似度中进行推荐[2]；Yuan 等将用户信任融入概率矩阵分解模型中[3]；Guo 等提出了一种基于用户信任的矩阵分解技术[4]；Zhao 等使用深度学习中的循环神经网络和卷积神经网络处理电影特征和用户社交关系[5]。然而，上述模型大多数利用用户信任的特征来挖掘邻域的评分，并不能很好地挖掘更复杂和更隐藏的社交关系，也不能挖掘信任好友的评分信息和意见[6]。

　　融入社交网络的推荐系统可以用图结构的方式来表示，如图 4-1 所示，左半边框架表示的是用户和项目之间的交互，即用户—项目交互二部图；右半边框架代表的是用户与用户之间的交互，即用户的社交网络，而用户成为两种图之间的桥梁。由于图表示学习在图结构处理上的优势，更多的图表示学习技术应用到了融入社交

① Mohsen Jamali, Martin Ester, "A Matrix Factorization Technique with Trust Propagation for Recommendation in Social Networks", Proceedings of the 4th ACM Conference on Recommender Systems, Barcelona, 2010; Bo Yang, et al., "Social Collaborative Filtering by Trust", *IEEE Transactions on Pattern Analysis and Machine Intelligence* 39 (8), 2017, pp. 1633 - 1647; Amit Goyal, et al., "Learning Influence Probabilities in Social Networks", Proceedings of the 3rd ACM International Conference on Web Search and Data Mining, New York, 2010.

② Guibing Guo, et al., "Merging Trust in Collaborative Filtering to Alleviate Data Sparsity and Cold Start", *Knowledge - Based Systems* 57, 2014, pp. 57 - 68.

③ Jinfeng Yuan, Li Li, "Recommendation Based on Trust Diffusion Model", *Scientific World Journal* 2014, p. 159594.

④ Guibing Guo, et al., "TrustSVD: Collaborative Filtering with both the Explicit and Implicit Influence of User Trust and of Item Ratings", Proceedings of the National Conference on Artificial Intelligence, Austin, 2015.

⑤ Zhou Zhao, et al., "Social - Aware Movie Recommendation Via Multimodal Network Learning", *IEEE Transactions on Multimedia* 20 (2), 2018, pp. 430 - 440.

⑥ Xiwang Yang, et al., "A Survey of Collaborative Filtering Based Social Recommender Systems", *Computer Communications* 41, 2014, pp. 1 - 10.

网络的推荐系统中①。它们的基本思想是通过图表示学习技术学习用户和项目的特征表示，既融入了图拓扑结构信息，也加入了实体信息，可以更好地学习复杂的社交关系。例如，Fan 等将融入社交网络的推荐系统分成用户和项目两部分，分别使用图表示学习对用户和项目的隐藏特征进行挖掘②；而 Salamat 等在项目学习部分加入了项目的类别，将相同类别的项目连接形成项目图，进一步提升了项目的特征表示，从而提高了推荐的准确性③。然而，以上图表示学习在研究用户和项目的隐藏特征时，缺少对以下两个问题的考量。

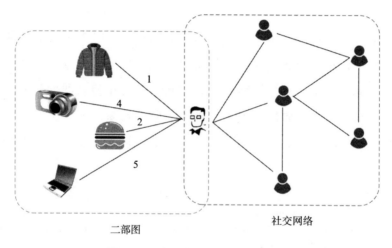

二部图　　　　　　　　　　社交网络

图 4 - 1　融入社交网络的推荐系统

（1）社交网络和推荐二部图中都含有影响推荐结果的重要因

①　Wenqi Fan, et al. , "Graph Neural Networks for Social Recommendation", Proceedings of the World Wide Web Conference, San Francisco, C. A. , 2019; Amirreza Salamat, et al. , "A Heterogeneous Graph – Based Neural Networks for Social Recommendations", *Knowledge – Based Systems* 217, 2021, p. 106817; Munan Li, et al. , "An Efficient Co – Attention Neural Network for Social Recommendation", Proceedings of the International Conference on Web Intelligence, New York, 2019.

②　Wenqi Fan, et al. , "Graph Neural Networks for Social Recommendation", Proceedings of the World Wide Web Conference, San Francisco, C. A. , 2019.

③　Amirreza Salamat, et al. , "A Heterogeneous Graph – Based Neural Networks for Social Recommendations", *Knowledge – Based Systems* 217, 2021, p. 106817.

素，在二部图中含有用户和项目的交互信息，而社交网络含有用户的社交信息，同时还存在着隐性的信息，比如项目和项目之间的相似性。例如，用户购买过电脑，那么他极有可能还会够买其他电子设备或者附属设备，比如说鼠标、键盘等，这些物品之间存在隐藏的联系。此外，用户之间还存在高阶的传递关系（Transitive Relation），两个用户尽管没有购买过相同的物品，但如果他们和另一个用户分别有着相同的购买记录，那么他们就存在传递关系。这些传递关系体现出了用户群体的偏好相似度。如果将这些信息通过图表示学习聚集在一起，就可以得到更准确的用户和项目特征表示。

（2）用户和用户之间交往的深度、信任程度等存在差异，即用户之间连接的强度是不同的，用户更容易相信互动多的、关系更紧密的用户；项目的不同隐藏特征在不同程度上影响着用户的偏好，在推荐时应该加入对隐藏特征不同重要性的区分。因此，在推荐的过程中如何区分用户连接的紧密程度以及项目特征的影响力也是需要考虑的问题。

针对以上问题，本章提出基于多注意力模型的融合社交网络和推荐系统的方法（Attentive Implicit Relation Embedding for Social Recommendation，SR - AIR），将图表示学习的过程分为用户端和项目端两个部分，同时加入了用户和项目的隐性关系图，深入挖掘社交关系和隐性关系对推荐系统结果的影响。总结来说，本章的主要贡献如下。

（1）提供一种推荐框架，可以同时对社交网络、用户项目交互关系以及隐性关系的推荐系统进行建模，从而提高推荐的准确性。

（2）构建用户和项目隐性关系图，运用图注意力机制探索高阶传递关系，融入用户和项目的嵌入表示。

（3）使用多个图表示学习技术分别从用户端和项目端提取用户

和项目的隐藏特征，进行联合学习，并且采用多种注意力机制来区分不同邻域的重要性，尤其是区分用户之间连接的紧密程度。然后将用户和项目的特征相聚合，进行下一步的推荐。

通过使用真实数据集 Ciao 和 Epinions 进行训练，验证了 SR - AIR 可以有效提升推荐质量。相较于其他社交网络推荐系统基准方法，SR - AIR 将 MAE 降低了 0.37% ~ 18.69%，将 RMSE 降低了 0.84% ~ 13.74%。

本章的结构安排如下：4.2 节介绍 SR - AIR 的整体设计，分别介绍用户端和项目端的特征表示方法；4.3 节展示实验方法和实验结果；4.4 节总结本章内容。

4.2　多注意力模型的社交网络推荐系统

4.2.1　SR – AIR 框架

SR - AIR 模型的整体框架如图 4 - 2 所示。整体而言，该框架分为三部分：用户端、项目端、评分预测，包括社交关系、用户项目交互关系以及用户、项目隐性关系的挖掘和学习。在用户端，首先，通过注意力机制聚集用户历史交互的所有项目特征，学习项目偏好方面的用户嵌入表示。其次，将结果输入用户隐性关系图中，用图注意力机制将项目偏好和用户的隐性关系相结合。最后，和经过注意力机制处理的用户社交关系进行连接操作，生成最后的用户嵌入表示。在项目端，项目由与它历史交互的用户来表示，然后经过隐性关系图和图注意力机制处理，生成项目嵌入表示。在评分预测端，对项目和用户嵌入表示使用多层感知器，并且对整个模型进行联合学习。

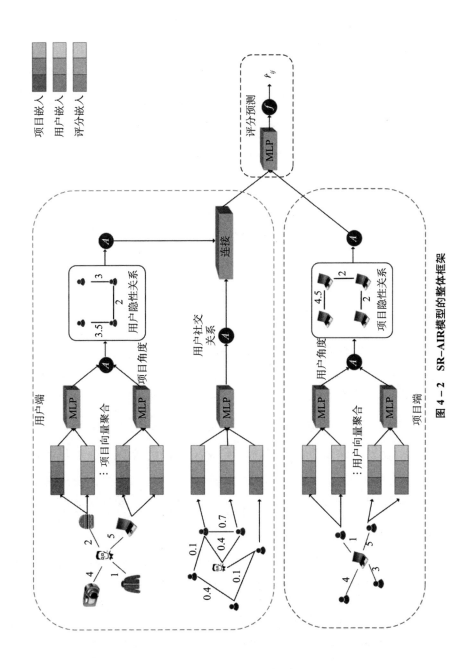

图 4-2　SR-AIR模型的整体框架

4.2.2　问题概述

融入社交网络的推荐系统主要分为两个部分：用户—项目交互二部图和社交关系图。假设用户集合 $U=\{u_1,\ u_2,\ \cdots u_m\}$，项目集合 $V=\{v_1,\ v_2,\ \cdots v_n\}$，$m$ 和 n 是用户和项目的数目，那么交互二部图可以用 $G_{bg}=(U,\ V,\ E)$ 来表示，每条边都由 r_{ij} 标记。用户 u_i 交互过的项目集用 $C(i)$ 表示，与项目 v_j 交互过的用户用 $B(j)$ 表示。将社交关系图用 $G_{us}=(U,\ U,\ T)$ 表示，其中 $T\in R^{m\times m}$ 代表的是用户之间的关系连接。$t_{ij}\in T$ 代表用户之间的连接强度。用户的初始化向量为 $p_i\in R^d$，项目的初始化向量为 $q_j\in R^d$。因此，可以将社交的推荐问题定义如下。

输入：用户—项目交互二部图 G_{bg} 和用户社交关系图 G_{us}，初始化向量为 p_i 和 q_j。

输出：评分预测 $\hat{R}_{uv}=F\ (u_i,\ v_j)$。

4.2.3　用户端

用户端主要输出用户的嵌入式表示，主要分为用户—项目交互二部图、用户隐性关系图以及用户社交关系图的处理，分别代表用户偏好的三个方面。首先，对于用户—项目交互二部图，使用用户交互过的项目特征来表示用户，这是从项目特征的角度来考虑用户偏好。然后，将项目角度的用户表示输入用户隐性关系图中，进一步挖掘用户之间关于项目特征的隐性高阶特征。最后，融入用户的社交关系，成为最后用户的嵌入式表示。

4.2.3.1　项目角度

这一部分的主要目的是在用户—项目交互二部图中找出用户喜欢的项目的相似隐藏特征。在用户—项目交互二部图中，用户和项目连接的边代表用户的喜爱，而边上标记的评分代表用户的喜爱程度。在对用户—项目交互二部图进行嵌入表示时，需要同时考虑连接和评分的影响，项目角度的用户嵌入表示 h_i^{item} 的计算公式如下：

$$h_i^{item} = \sigma\{W \times f_{agg\_item}[\{x_{ia}, \forall a \in C(i)\}] + b\} \tag{4-1}$$

其中，x_{ia} 代表用户 u_i 对项目 v_a 的评分向量，$C(i)$ 如前文所述代表 u_i 交互过的项目集合，W 和 b 是神经网络的可训练参数，σ 代表非线性激活函数。此外，f_{agg_item} 代表聚合方程，对所有的项目特征及用户对它们的评分进行聚合分析。用户对项目的评分可以转化为嵌入维度为 d 的评分向量 $e_r \in R^d$，然后与项目嵌入 q_a 表示相联结，通过多层感知器形成最后的评分向量 x_{ia}：

$$x_{ia} = f_{MLP}(q_a \oplus e_r) \tag{4-2}$$

为了区分不同项目对用户的影响，项目的聚合函数使用注意力机制：

$$f_{agg\_item} = \sum_{a \in C(i)} a_{ia} x_{ia} \tag{4-3}$$

其中，a_{ia} 代表注意力权重，旨在根据项目 v_a 对用户 u_i 的影响力分配权重。项目的影响力一部分也来自用户评分，所以注意力权重的计算中也应该包括评分向量：

$$a_{ia} = \frac{\exp\{w_2^T \times \sigma[W_1(x_{ia} \oplus p_i) + b_1] + b_2\}}{\sum_{a \in C(i)} \exp\{w_2^T \times \sigma[W_1(x_{ia} \oplus p_i) + b_1] + b_2\}} \tag{4-4}$$

可以看出，这是一个两层的注意力神经网络，通过 Softmax 函数得到最后的注意力权重 a_{ia}。

4.2.3.2　用户隐性关系

如 3.1 节所述，隐性关系往往可以挖掘很多的用户偏好。从项目角度进行的挖掘只能找出与用户相连项目的相似特征，而高阶隐性关系同样需要挖掘，比如用户与项目并没有直接相连，但是相似用户评价过该项目，那么用户和此项目之间就存在隐性关系。对于用户隐性关系的学习，首先，构建用户隐性关系图 G_u，这里仍然使用一阶隐性关系图。其次，将从项目角度得出的用户嵌入表示 h_i^{item} 作为输入，利用图注意力机制进行隐性关系分析，挖掘高阶传递关系。图注意力机制的具体处理过程如3.2.3节所述，使用多头图注意力机制。最后，输出用户的隐性关系嵌入表示，挖掘用户的高阶传递关系：

$$h_i^{IR} = f_{GAT}(h_i^{item}, k) \qquad (4-5)$$

k 代表多头注意力机制中的头数。

4.2.3.3 用户社交关系

用户社交关系影响用户的偏好和选择，他们更喜欢购买或观看朋友喜欢的商品或电影。此外，朋友之间的紧密程度也会影响用户的选择。因此，在对用户社交关系进行处理的时候，需要考虑用户之间连接的紧密程度，同样需要用注意力机制来处理。

将社交网络图中用户的邻域特征相聚合，邻域用户的特征用项目角度的嵌入表示来计算，具体公式如下：

$$h_i^{SR} = \sigma\{W \times f_{agg\_neighbors}[\{h_o^{item}, \forall o \in N(i)\}] + b\} \qquad (4-6)$$

其中，$f_{agg\_neighbors}$ 代表将用户 u_i 邻域聚合的函数，h_o^{item} 代表项目角度的邻域用户嵌入表示，$N(i)$ 为社交网络图中用户 u_i 的邻域集合。对于聚合函数，同样需要使用注意力机制对邻域重要性进行分配：

$$f_{agg\_neighbors} = \sum_{o \in N(i)} \beta_{io}(h_o^{item} \oplus t_{io}) \qquad (4-7)$$

$$\beta_{io} = \frac{\exp\{w_2^T \times \sigma[W_1(h_o^{item} \oplus p_i) + b_1] + b_2\}}{\sum_{o \in N(i)} \exp\{w_2^T \times \sigma[W_1(h_o^{item} \oplus p_i) + b_1] + b_2\}} \qquad (4-8)$$

4.2.3.4　用户嵌入表示

先将用户隐性关系结果与社交关系结果相联结，然后使用多层感知器进行处理。由于用户隐性关系结构输入是由用户偏爱的项目特征组成，所以最终的用户嵌入表示包含了三个方面的用户偏好：

$$h_i = f_{MLP}(h_i^I \oplus h_i^{SR}) \tag{4-9}$$

4.2.4　项目端

项目端输出的项目嵌入表示包含两个信息：第一个是二部图中与其交互的用户特征；第二个是项目隐性关系。首先，将项目表示为二部图中与其交互的用户集合，这是从用户角度分析项目特征；其次，将结果输入用户隐性关系图中，使用图注意力机制加入相似项目的特征。

4.2.4.1　用户角度

与 4.2.2 节相似，在分析与项目交互过的用户的信息特征时，同样需要考虑用户评分，这些来自不同用户的评分可以不同的方式捕获同一项目的隐藏特征。因此，用户角度的项目表示应为：

$$z_i^{User} = \sigma \{ W \times f_{agg\_users}[\{g_{jt}, \forall t \in B(j)\}] + b \} \tag{4-10}$$

$B(j)$ 代表与项目 v_j 交互过的用户集合，而 g_{jt} 是通过多层感知器处理的用户初始化向量 p_t 和评分向量 e_r 的结果：

$$g_{jt} = f_{MLP}(p_t \oplus e_r) \tag{4-11}$$

同理，使用注意力机制为交互的用户分配权重，用户的影响力一部分也由评分决定：

$$f_{agg\_users} = \sum_{t \in B(i)} \mu_{jt} g_{jt} \tag{4-12}$$

$$\mu_{ji} = \frac{\exp\{w_2^T \times \sigma[W_1(g_{ji} \oplus q_j) + b_1] + b_2\}}{\sum_{t \in B(i)} \exp\{w_2^T \times \sigma[W_1(g_{ji} \oplus q_j) + b_1] + b_2\}} \tag{4-13}$$

4.2.4.2 项目隐性关系

项目之间同样存在隐性关系，然而，大多数社交网络推荐都没有考虑到项目之间的隐性关系和高阶传递关系[1][2]。首先根据定义 3.1 构建项目隐性关系图，然后将计算得到的用户角度的项目嵌入表示作为隐性关系图中的节点特征向量，经过多头图注意力机制处理得到蕴含隐性关系的项目嵌入表示：

$$z_j^{IR} = f_{GAT}(z_j^{user}, k) \tag{4-14}$$

同时，得到的 z_j^{IR} 也包含了用户偏好的项目信息，也是最后的项目嵌入表示。

4.2.5 评分预测

最后的预测评分是由用户嵌入表示和项目嵌入表示相联结，然后通过多层感知器得到：

$$\hat{r}_{ij} = w^T \cdot f_{MLP}(h_i \oplus z_j^{IR}) \tag{4-15}$$

假设 x 为多层感知器的输入，多层感知器的具体计算过程如下：

$$\begin{aligned}
f_1 &= \sigma(W_1 x + b_1) \\
f_2 &= \sigma(W_2 f_1 + b_2) \\
&\cdots \\
f_l &= \sigma(W_l f_{l-1} + b_l)
\end{aligned} \tag{4-16}$$

---

① Wenqi Fan, et al., "Graph Neural Networks for Social Recommendation", Proceedings of the World Wide Web Conference, San Francisco, C. A., 2019.

② Amirreza Salamat, et al., "A Heterogeneous Graph – Based Neural Networks for Social Recommendations", *Knowledge – Based Systems* 217, 2021, p. 106817.

其中，激活函数使用 Sigmoid，l 为隐藏层的数量。通过公式 （4 - 15）和公式（4 - 16）可以计算得出预测的评分数值。

4.2.6　模型训练

由于当前的模型主要用于评分预测，所以使用标准的目标损失函数来训练模型的参数：

$$L = \frac{1}{2|O|} \sum_{i,j \in O} (\hat{r}_{ij} - r_{ij})^2 + \lambda_2 \| W \|_2^2 \qquad (4-17)$$

其中 $|O|$ 代表观察到的评分数量，最后一项是为了防止过拟合而加入的归一化参数。最优化损失函数选择 RMSProp[①] 方法。

总而言之，SR - AIR 算法流程如图 4 - 3 所示，采用负采样的方法来做训练。

算法 4 - 1. SR - AIR 算法

输入：用户—项目交互二部图 G_{bg}，社交网络图 G_{us}

输出：评分、u_i、v_j

1：随机初始化嵌入表示 p_i、q_j、e_r

2：根据定义 3.1 构建用户和项目隐性关系图

3：for $i = 1$, …, max_iter do

4：for t steps do

5：沿着负梯度方向采样一批量

6：在该批量中对每个用户采样 $v_a \sim C(i)$

7：根据公式（4 - 1）至公式（4 - 9）计算用户最终的嵌入表示

8：在该批量中对每个项目采样 $u_t \sim B(j)$

9：根据公式（4 - 10）至公式（4 - 14）计算项目最终的嵌入表示

10：根据公式（4 - 15）至公式（4 - 17），使用 RMSProp 方法更新参数

11：end for

图 4 - 3　SR - AIR 算法流程

---

① Tijmen Tieleman, Geoffrey Hinton, Lecture 6.5 - RMSProp, Coursera: Neural Networks for Machine Learning (Toronto: University of Toronto, 2012).

4.3 实验评估及分析

4.3.1 数据集

在实验中主要使用两个现实世界的数据集 Ciao 和 Epinions，它们都包括评分信息及用户的社交信息。两个数据集的统计信息如表 4-1 所示，具体如下。

（1）Ciao[①]：它的数据主要来源于社交网站（http://www.ciao.co.uk），包括用户对电影的评分，以及用户之间的信任关系。用户可以给电影评分（1~5 分），可以写评价，也可以添加信任好友。

（2）Epinions[②]：数据来源主要为社交网站（www.epinions.com），也同样包括用户的电影评分（1~5 分），还有用户之间的朋友圈。

表 4-1 数据集 Ciao 和 Epinions 的统计数据

数据集	Ciao	Epinions
#用户	17589	49289
#项目	16121	22173
#评分	62452	138207
#社交	40133	487183

4.3.2 基准方法

在对比实验中，主要使用三种类型的基准方法——传统的社交网络推荐方法、深度学习的社交网络推荐方法、图表示学习的社交

① Guibing Guo, et al., "ETAF: An Extended Trust Antecedents Framework for Trust Prediction", Proceedings of the 2014 IEEE/ACM International Conference on Advances in Social Networks Analysis and Mining, Beijing, 2014.

② Paolo Massa, Paolo Avesani, "Trust Metrics in Recommender Systems", In Jennifer Golbeck (Eds.), *Computing with Social Trust* (Cham.: Springer, 2009), pp. 259-285.

网络推荐方法，具体方法如下。

（1）PMF[1]：概率矩阵分解方法（Probabilistic Matrix Factorization），只使用用户、项目的评分矩阵，采用高斯分布的方法对用户和项目的隐藏特征进行建模。

（2）SoRec[2]：采用协作因子分解（Co - Factorization）对用户、项目的评分矩阵以及用户的社交网络矩阵进行分析。

（3）SocialMF[3]：在矩阵分解方法中加入用户的信任信息传播，用户的偏好更接近邻域的平均偏好。

（4）TrustMF[4]：将用户的信任网络分为信任者子空间和被信任者子空间，然后使用概率矩阵分解方法根据信任的指向性特性进行分析。

（5）NeuMF[5]：将神经网络结构与矩阵分解相结合，用于解决推荐排名问题，在此次实验中我们将损失函数进行调整，从而预测用户评分。

（6）DeepSoR[6]：采用深度神经网络方法，从社交关系中学习用户之间的非线性特征。

---

① Andriy Mnih, Russ R. Salakhutdinov, "Probabilistic Matrix Factorization", Proceedings of the Advances in Neural Information Processing Systems 20, Whistler, B. C., 2007.

② Hao Ma, et al., "SoRec: Social Recommendation Using Probabilistic Matrix Factorization", Proceedings of the 17th ACM Conference on Information and Knowledge Management, Napa Valley, C. A., 2008.

③ Mohsen Jamali, Martin Ester, "A Matrix Factorization Technique with Trust Propagation for Recommendation in Social Networks", Proceedings of the 4th ACM Conference on Recommender Systems, Barcelona, 2010.

④ Bo Yang, et al., "Social Collaborative Filtering by Trust", *IEEE Transactions on Pattern Analysis and Machine Intelligence* 39 (8), 2017, pp. 1633 – 1647.

⑤ Xiangnan He, et al., "Neural Collaborative Filtering", Proceedings of the 26th International World Wide Web Conference, Perth, 2017.

⑥ Wenqi Fan, et al., "Deep Modeling of Social Relations for Recommendation", Proceedings of the 32nd AAAI Conference on Artificial Intelligence, New Orleans, 2018.

（7）GCMC+SN[①]：该方法主要用于二部图的推荐任务，在实验中加入社交信息，并且使用 Node 2Vec 的方法对社交信息进行分析，将结果作为节点初始化特征加入 GCMC 的训练中。

（8）GraphRec[②]：提供了一种将用户和项目分开建模的架构，将用户的社交关系信息加入用户的建模中。

（9）HeteroGraphRec[③]：提供了一种将社交关系信息、项目关系融入二部图的异构图架构，并且使用图表示学习技术对整个异构图进行训练学习。

4.3.3　实验设置

为了对比评分预测的准确性，本章实验使用 MAE 及 RMSE 作为评价指标。MAE 和 RMSE 的数值越小，说明预测越准确。同时需要指出，即使是很小幅度的数值减少，也代表了相当于 TOP－K 推荐的显著改进[④]。此外，为了从 CTR 预测角度观测对比结果，本章还使用 CTR 中的 ACC 指标来判断预测的准确性。

实验的准备工作如下：将数据集的 80% 作为训练数据，10% 作为验证数据，余下的 10% 作为测验数据；采用 LeakyRelu 作为非线性激活函数 σ；多层感知器 MLP 的隐藏层数为 3 层；学习率为 [0.0005，0.001，0.005，0.01，0.05，0.1]，用户和项目的嵌入表示维度分别为 64 和 128。

① Rianne van den Berg, et al., "Graph Convolutional Matrix Completion", 2017, arXiv: 1706.02263.

② Wenqi Fan, et al., "Graph Neural Networks for Social Recommendation", Proceedings of the World Wide Web Conference, San Francisco, C. A., 2019.

③ Amirreza Salamat, et al., "A Heterogeneous Graph－Based Neural Networks for Social Recommendations", *Knowledge－Based Systems* 217, 2021, p. 106817.

④ Yehuda Koren, "Factorization Meets the Neighborhood: A Multifaceted Collaborative Filtering Model", Proceedings of the ACM SIGKDD International Conference on Knowledge Discovery and Data Mining, Las Vegas, 2008.

4.3.4　实验结果与分析

4.3.4.1　不同算法的比较结果

首先，对 SR‑AIR 和基准方法进行比较，结果如表 4‑2 所示。

表 4‑2　SR‑AIR 和基准方法的实验结果比较

算法	Ciao		Epinions	
	MAE	RMSE	MAE	RMSE
PMF	0.8975	1.1197	0.9918	1.2156
SoRec	0.8548	1.0704	0.8916	1.1582
SocialMF	0.8307	1.0572	0.8794	1.1478
TrustMF	0.7628	1.0422	0.8376	1.1464
NeuMF	0.7993	1.0655	0.9028	1.1504
DeepSoR	0.7685	1.0348	0.8229	1.0961
GCMC + SN	0.7511	1.0252	0.8607	1.0692
GraphRec	0.7397	0.9854	0.8192	1.0647
HeteroGraphRec	0.7324	0.9802	0.8104	1.0497
SR‑AIR	0.7297	0.9720	0.8093	1.0485

（1）SR‑AIR 的推荐准确性高于其他基准方法，从数据上来说，相比于 GraphRec，同样运用图表示学习方法，在数据集 Ciao 的评分预测任务中，SR‑AIR 的 MAE 数值减少了 1.35%，RMSE 数值减少了 1.36%；相比于 HeteroGraphRec，同样的数据集，SR‑AIR 的 MAE 数值减少了 0.37%，RMSE 数值减少了 0.84%。原因在于，GraphRec 和 HeteroGraphRec 在推荐时都没有考虑隐性关系，使得用户和项目的一部分特征是缺失的，影响了推荐的准确性。此外，HeteroGraphRec 的性能表现比 GraphRec 要好，因为前者在交互信息和社交关系之外加入了项目与项目之间的显性关系，挖掘了项目之间的相似特征，更好地刻画了项目的属性，从而获得了更高的准确

性。在这一点上，SR－AIR 不仅考虑了项目之间的关系，同样加入了项目之间、用户之间深层次的隐性关系，从而在这三个图表示学习技术中拥有最高的推荐质量。

（2）同样是基于概率矩阵分解的方法，SoRec、SocialMF 及 TrustMF 的表现比 PMF 要好，原因在于 PMF 没有加入社交信息。因此可以得出，加入社交网络的推荐系统可以有效提高推荐质量。此外，TrustMF 在概率矩阵分解方法中拥有最小的 MAE 和 RMSE 数值，说明其在推荐过程中预测的评分更接近实际评分，而且相比于 SocialMF 将用户信任传播机制加入模型中，TrustMF 进一步将信任网络的信息进行细分，从信任和被信任两个角度进行了混合推荐，因此提升了推荐的准确性。

（3）NeuMF 得到的 MAE 和 RMSE 数值低于 PMF 的数值，这两个基准方法都是使用用户和项目的评分矩阵进行推荐，而 NeuMF 在矩阵分解的基础上加入了多层感知器的深度学习方法，可以同时捕获低维和高维的交互特征，具有了更准确的推荐效果。

（4）DeepSoR 和 GCMC＋SN 相较于基于矩阵分解的社交网络推荐系统而言，MAE 和 RMSE 数值更低，原因在于这两个方法主要使用深度神经网络进行推荐，更深层次地挖掘了用户的需求，证明了将深度学习应用在推荐系统中可以提高推荐质量。

（5）GCMC＋SN 的表现相较于其他基准方法要好，原因在于 GCMC 采用图自编码器，将用户的邻域信息传播聚集，结合了图结构的信息，同时也证明了图表示学习技术可以提升推荐质量。

4.3.4.2　数据稀疏性实验

将 Ciao 和 Epinions 数据集根据用户和项目交互的次数各分为四组，例如将 Ciao 数据集中用户和项目的交互次数分为 ＜11 次、＜26 次、＜59 次及≥59 次，同时保持每组数据量基本相同。为了更好地观测结果，数据稀疏性实验使用 CTR 预测指标中的 ACC 作为评价指标，测量推荐系统正确预测用户点击或没有点击的项目占总预测的比例，ACC 数值越高表明推荐结果越准确，结果如图 4 - 4 所示。

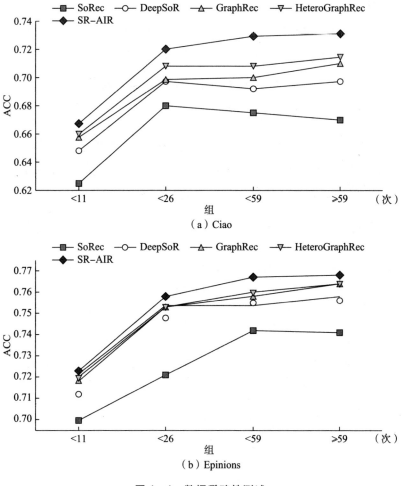

图 4 - 4　数据稀疏性测试

（1）SR - AIR 相较于其他基准方法，每一组的 ACC 数值最高，在数据集 Ciao 和 Epinions 上都得到了相同的结果。说明 SR - AIR 使用隐性关系图处理用户和项目，可以更好地挖掘它们之间的相似关系，更好地缓解数据稀疏产生的问题。

（2）对于数据最稀疏的组（用户和项目交互少于 11 次），SR -

AIR 在 Ciao 和 Epinions 数据集上的 ACC 结果可以达到 0.667 和 0.723 的准确率，高于 GraphRec 数值 1.5% 和 0.69%，高于 Heter-oGraphRec 数值 1.05% 和 0.42%。

（3）SoRec 的 ACC 数值最低，原因在于它使用矩阵分解技术，而其他基准方法使用了深度学习的技术，说明深度学习可以挖掘用户和项目的隐藏特征，更好地缓解数据稀疏带来的负面影响。

4.3.4.3 参数敏感性实验

首先，对隐性关系和图注意力机制在 SR - AIR 中的作用进行验证。将 SR - AIR 框架去掉图注意力机制，采用平均分配邻域重要性的方法，将 SR - AIR 框架去掉对隐性关系的处理，实验结果如表4 - 3 所示。

表4 - 3 图注意力机制、隐性关系对 SR - AIR 的性能影响

算法/数据集		SR - AIR	无图注意力机制	无隐性关系
Ciao	MAE	0.7292	0.7344	0.7396
	RMSE	0.9720	0.9803	0.9851
Epinions	MAE	0.8093	0.8107	0.8194
	RMSE	1.0485	1.0541	1.0647

（1）缺少图注意力机制和对隐性关系的处理都影响了 SR - AIR 算法的推荐准确性，MAE 数值在数据集 Ciao 的实验中分别增加了 0.71% 和 1.43%，RMSE 数值分别增加了 0.85% 和 1.35%；在数据集 Epinions 的实验中 MAE 数值分别增加了 0.17% 和 1.25%，RMSE 数值增加了 0.53% 和 1.55%。这说明了在 SR - AIR 算法中隐性关系和图注意力机制的有效性，这两者可以更好地挖掘用户和项目的隐藏特征，并且根据相邻用户和项目的重要性分配不同的权重，更符合实际中推荐的原则。

（2）缺少对隐性关系的处理的推荐方法在性能上表现最差，尤其是

在数据集 Epinions 的实验中，MAE 数值高于基准方法 HeteroGraphRec 和 GraphRec，RMSE 数值与 GraphRec 持平、高于 HeteroGraphRec。这表明对隐性关系的挖掘在 SR – AIR 中具有重要作用，它可以在项目中搜索隐藏的相似特征，发现用户除了社交关系，还存在着隐藏的联系。假设用户在社交网络中并没有相互关注，但是他们在购买商品时的偏好具有极高的相似度，他们之间存在着隐性关系，而这种隐性关系可以极大地增加用户、项目特征的完整性，从多个角度丰富用户的偏好信息。

其次，对用户、项目的嵌入表示维度进行敏感性测试，维度大小为 [8，16，32，64，128，256]，结果如图 4 – 5 所示。

（1）无论是 RMSE 还是 MAE，在两个数据集的敏感性测试中，前期都随着嵌入表示维度的增大而减少，在嵌入表示维度达到 64 的时候获得最优的 RMSE 和 MAE 数值。原因在于小的嵌入表示维度不能完全包含用户或项目的特征信息，损失了一部分特征表示能力，推荐性能也因此受到了负面的影响。

（2）当嵌入表示维度大于 64 的时候，RMSE 和 MAE 数值随着嵌入维度的增加而增大，说明推荐准确性逐步降低。因为嵌入表示维度大于某一阈值时，增加维度不仅不能增加特征的表示能力，反而会引入干扰信息，影响了特征提取的准确性，并且增加了算法的复杂度，降低了推荐系统的性能。因此，在本章的实验中，采用的用户和项目的嵌入表示维度为 64。

4.4　本章小结

用户之间的社交关系可以为了解用户偏好增添新的研究方向，连接紧密的用户对彼此的交互选项有影响，因此将社交网络融入推荐系统可以提升推荐的多样性和准确性。本章提出了 SR – AIR 模型，

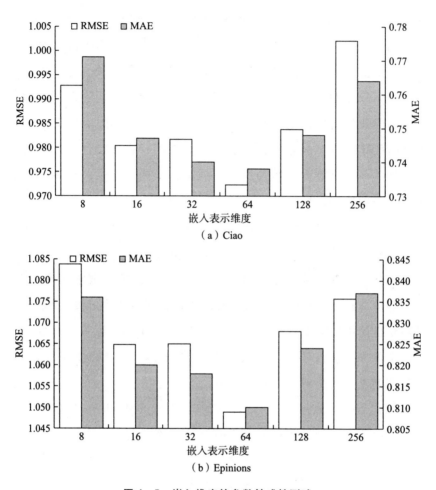

（a）Ciao

（b）Epinions

图 4 - 5 嵌入维度的参数敏感性测试

采用图表示学习方法对融入社交网络的推荐系统开展评分预测任务，将整张图分为两个方面分别进行学习，融合不同角度的用户和项目特征，包括社交关系和隐性关系，挖掘用户和项目的高阶传递关系，从而提高了推荐质量。对于用户端建模，首先将用户表示为与其交互的项目特征，根据不同的评分分配项目不同的权重，然后将用户和项目特征向量输入用户隐性关系图中，再运用图注意力机制对隐性关系进行学习。同时，结合用户的社交关系，得到最终的用户嵌入表示。对于项目端建模，将项目表示为与其交互的用户特征，采用图注意力机制对不同的用户评分进行权重分配，通过隐性关系图和图注意力机制获得项目之间的隐藏相似特征，得到最后的项目嵌入表示。通过对真实数据的测试评估可以发现，相比于目前的矩阵分解技术和社交网络推荐技术，SR – AIR 在评分预测任务中拥有更高的准确性。

第 5 章

❧ ⟨◈⟩ ❧

基于传播的知识图谱推荐系统

5.1 引言

前两章分别介绍了应用于推荐系统二部图及社交网络推荐系统中的图表示学习方法。实际上，项目及项目属性之间也存在着一种图结构，用来表示项目及其属性之间的关系，称为知识图谱。知识图谱是一种异构图，由实体、关系、属性等组成。比如，影片名称、导演或演员姓名等，均为知识图谱中的实体并彼此关联。电影是由演员出演的，演员就是这个电影的属性之一。这些属性作为项目的辅助信息，融入知识图谱的结构中，为项目增添了更多的语义信息。正如 2.3.4 小节所述，融入知识图谱的推荐系统提高了推荐的准确性和多样性，也为推荐结果提供了可解释性。与社交网络不同，知识图谱是异构图，即实体和关系存在多种类型，因此融入知识图谱的推荐系统存在更大的挑战。本章主要研究如何使用图表示学习中的传播思想对知识图谱进行学习，第 6 章则通过图表示学习中的邻域聚合思想对知识图谱进行研究。

传统的推荐系统技术在运用辅助信息的时候大多采用的是协同

过滤技术以及因子分解机（Factorization Machine，FM），主要方法是将辅助信息转换成特征向量，随后与用户和项目的嵌入向量做聚合，统一训练后得到用户的偏好信息。比如，通过因子分解机，将辅助信息和项目的特征进行组合，从而预测用户不同偏好的可能性[①]。然而，这些方法都不能准确捕捉不同类型的关系以及关系之间的组合影响。图5-1为用户和电影的交互二部图以及电影的知识图谱。假设鲍勃是需要推荐的用户，协同过滤技术主要关注用户和项目的交互信息，尤其是看过相同电影《幸福终点站》的用户爱丽丝和乔恩的行为和喜好，这些相似用户看过的其他电影可以推荐给目标用户；而因子分解机则关注项目的属性，如带有属性"演员是汤姆·汉克斯"的相似电影可以推荐给目标用户。但是，上述方法都不能挖掘到不同类型关系的影响和组合形成的高阶关系（High - Order Relations）。如图5-1所示，实线标注的方形代表目标用户喜欢汤姆·汉克斯演过的电影，那么也可能喜欢他导演过的电影，这里电影的属性类型发生了变化。而虚线标注的方形代表目标用户可能和看过汤姆·汉克斯演过的电影的用户群体有相同的兴趣。

目前，知识图谱作为辅助信息的推荐系统逐渐得到了关注。在知识图谱中，实体为节点，关系为边，属性表示为标注在边上的语义信息，具体例子如图5-1右部灰色虚线框所示。前文的高阶关系（知识图谱中的隐藏关系）则可以用以下长距离路径表示：

① Xiangnan He, Tat Seng Chua, "Neural Factorization Machines for Sparse Predictive Analytics", Proceedings of the 40th International ACM SIGIR Conference on Research and Development in Information Retrieval, Tokyo, 2017; Steffen Rendle, et al., "Fast Context - Aware Recommendations with Factorization Machines", Proceedings of the 34th International ACM SIGIR Conference on Research and Development in Information Retrieval, Beijing, 2011; Huifeng Guo, et al., "DeepFM: A Factorization - Machine Based Neural Network for CTR Prediction", 2017, arXiv: 1703.04247.

$$鲍勃 \xrightarrow{\text{喜欢}} 《幸福终点站》 \xrightarrow{\text{演员}} 汤姆·汉克斯 \xrightarrow{\text{出演}} \left(\begin{array}{c} 《太平洋战争》 \\ 《兄弟连》 \end{array} \right)$$

$$鲍勃 \xrightarrow{\text{喜欢}} 《幸福终点站》 \xrightarrow{\text{演员}} 汤姆·汉克斯 \xrightarrow{\text{出演}} 《阿甘正传》$$

$$\xrightarrow{\text{喜欢}} （爱丽丝）$$

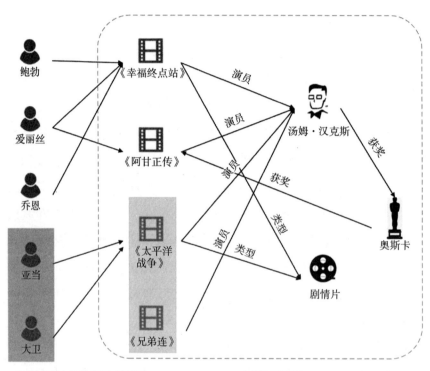

用户和电影的交互二部图   电影知识图谱

图 5 - 1 融入知识图谱的推荐系统

融入知识图谱的推荐系统技术主要可以分为三类①：知识图谱嵌入表示、基于路径的方式、基于传播的方式。如 2.3.4 小节所述，第一类方法更关注于 $h + r \approx t$ 所隐藏的交互信息而忽略了图中长距离的连通性。第二类方法考虑的是知识图谱中实体之间的连通模式，

---

① Qingyu Guo, et al. , "A Survey on Knowledge Graph – Based Recommender Systems", *IEEE Transactions on Knowledge and Data Engineering* 34（8）, 2022, pp. 3549 – 3568.

上述两个长距离路径的高阶关系可以用基于路径的方式挖掘出来，但是需要正确设置元路径，而参数设置需要拥有复杂的专业知识。

基于图卷积神经网络（Graph Convolutional Networks，GCN）的主要思想，采用基于传播方式的知识图谱推荐可以更全面、有效地挖掘知识图谱隐藏的信息，包括一部分高阶关系[①]。RippleNet[②]作为第一个尝试使用传播思想的推荐方法，将用户偏好通过与其交互的项目传播到知识图谱结构中，结合了嵌入表示和基于路径两种类型的技术的优点。然而，RippleNet 在传播过程中，更关注的是用户和项目的交互信息，而没有完全挖掘整个知识图谱的结构。原因在于 RippleNet 的传播主要由关系引导，一方面，关系的嵌入矩阵较难训练；另一方面，关系引导的传播会引入太多不相关的实体，增加训练的难度。因此，该方法在传播能力和计算复杂度之间权衡，关系的特征向量被弱化，从而高阶关系的一些语义信息也就缺失了。

为了更好、更直接地挖掘高阶关系的语义信息，本章提出注意力增强的双传播机制算法（Attention – Enhanced Joint Knowledge and User Preference Propagation，AKUPP）。主要针对两个问题：①项目的属性特征以及知识图谱的图结构信息应该相互结合，从而获得更准确的推荐；②高阶关系可以显现出很多隐藏的交互信息和语义信息，这些信息需要被挖掘，而且根据重要性分配不同的权重。

总结而言，本章的主要贡献如下。

（1）提出双传播机制：一种传播是通过用户的历史交互自动地

---

①　Petar Veličković, et al. , "Graph Attention Networks", 2017, arXiv：1710. 10903；Thomas N. Kipf, Max Welling, "Semi – Supervised Classification with Graph Convolutional Networks", 2017, arXiv：1609. 02907；Thomas N. Kipf, Max Welling, "Variational Graph Auto – Encoders", 2016, arXiv：1611. 07308.

②　Hongwei Wang, et al. , "RippleNet：Propagating User Preferences on the Knowledge Graph for Recommender Systems", Proceedings of the 27th ACM International Conference on Information and Knowledge Management, Torino, 2018.

挖掘用户的偏好，可以提供用户—项目交互的隐藏特征；另一种传播是用来直接挖掘知识图谱作为辅助信息的高阶隐藏关系。

（2）采用图注意力机制关注传播中重要的邻域，同时关注实体和关系不同语义的重要性。

（3）将两种传播机制进行依次学习，将知识传播和交互信息传播两方面进行融合，从而使知识图谱和二部图中的信息相融合。

此外，本章对三个真实数据集进行实验，推荐场景分别为电影推荐、图书推荐、音乐推荐。AKUPP 在和基准方法比较时，Top – K 推荐质量得到提升，Recall@ 20 提升了 10.3% ~ 27.3%，Ndcg@ 20 提升了 4.15% ~ 19.70%。

本章的结构安排如下：5.2 节介绍 AKUPP 的整体设计，以及两种传播的具体过程并依次学习；5.3 节展示实验方法和实验结果；5.4 节总结本章内容。

5.2　双传播机制的知识图谱推荐

5.2.1　AKUPP 框架

AKUPP 的框架如图 5 – 2 所示，包括三个模块：用户偏好传播模块、注意力机制的知识传播模块、预测模块。在左侧用户偏好传播模块中，根据用户的历史交互项目，采用波纹传播的方式获得用户对项目属性的隐藏偏好，并且得到头实体与尾实体相连接的概率。然后，将这些定制的实体和关系嵌入式表示输入注意力机制的知识传播模块中，使用图注意力机制突出重要的邻域和项目属性。此外，通过多层的叠加，高阶关系可以被挖掘。最后通过两次传播得到的用户和项目嵌入表示来预测用户对项目的评分。

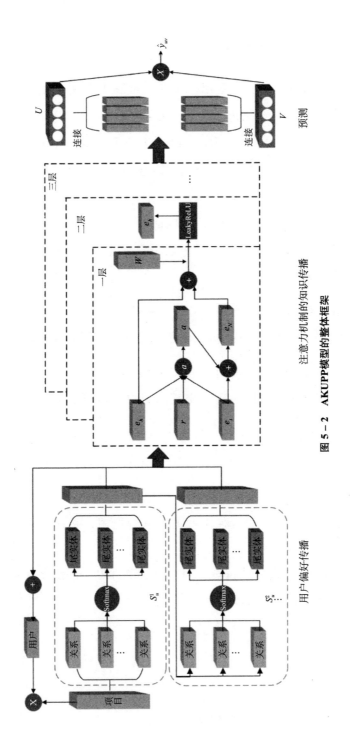

图 5 - 2　AKUPP模型的整体框架

5.2.2　问题概述

交互二部图：如前文介绍，交互二部图中有用户集合 $U = \{u_1,$ $u_2, \cdots, u_m\}$，以及项目集合 $V = \{v_1, v_2, \cdots, v_n\}$，用户和项目的交互矩阵可以用 $Y = \{y_{uv} \mid u \in U, v \in V\}$ 来表示。当 $y_{uv} = 1$ 时说明用户和项目之间有可观察到的交互；反之，$y_{uv} = 0$。通常，推荐任务可以归类为学习评分函数 $\hat{y}_{uv} = F(u, v)$，代表用户 u 点击项目 v 的概率。

知识图谱：一个知识图谱一般由实体 E 和关系 R 组成，$G = (E, R)$，而知识图谱中的既定知识一般由三元组 (e_h, r, e_t) 来表示，即头实体、关系、尾实体。

高阶关系：一个 L 阶关系可以从路径 $e_0 \xrightarrow{r_1} e_1 \xrightarrow{r_2} \cdots \xrightarrow{r_L} e_L$ 得到，其中 $e \in U \cup E$，$r \in Y \cup R$，包含了交互二部图和知识图谱的节点和边。协同过滤算法主要可以探索 $u_1 \xrightarrow{r_1} i_1 \xrightarrow{-r_1} u_2 \xrightarrow{r_1} i_2$ 的路径，体现出目标用户和与同一项目交互的用户有相似的偏好。而因子分解技术可以探索 $u_1 \xrightarrow{r_1} i_1 \xrightarrow{r_2} e_1 \xrightarrow{-r_2} i_2$ 的路径，为用户推荐拥有相同属性 e_1 的相似项目。但是，路径中包含多种语义关系是探索的难点，比如 $u_1 \xrightarrow{r_1} i_1 \xrightarrow{r_2} e_1 \xrightarrow{r_3} i_3$，属性实体 e_1 对不同的项目有不同的语义。本章主要针对这种高阶关系进行挖掘，并且平衡路径上不同的语义。

波纹集合（Ripple Set）：使用 RippleNet[①] 中的波纹概念。定义与用户交互过的相关实体：

$$\mathcal{E}_u^k = \{e_t \mid (e_h, r, e_t) \in G, e_h \in \mathcal{E}_u^{k-1}\} \tag{5-1}$$

① Hongwei Wang, et al., "RippleNet: Propagating User Preferences on the Knowledge Graph for Recommender Systems", Proceedings of the 27th ACM International Conference on Information and Knowledge Management, Torino, 2018.

其中，$k = \{1, 2, \cdots, H\}$，H 代表跳数（Hop Number），$\varepsilon_u^0 = \{u \mid Y_{uv} = 1\}$ 是用户 u 交互的历史项目集合。因此，可以得到波纹集合：

$$S_u^k = \{(e_h, r, e_t) \mid (e_h, r, e_t) \in G, e_h \in \varepsilon_u^{k-1}\} \tag{5-2}$$

5.2.3 用户偏好传播

用户偏好的传播主要是采用波纹传播的方式，将用户历史交互的项目特征组成波纹集合，然后将信息传播到邻域中。首先，对于用户 u，将与其交互的项目作为种子 $V_u \in V$，根据公式（5-2）可以得到 k 跳的波纹集合，用户偏好的传播就像是水滴掉落在水面上形成的波纹，由滴落点向外扩散的过程，如图 5-3 所示。

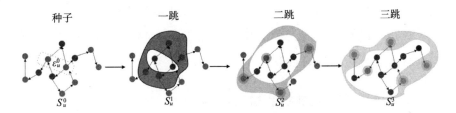

图 5-3 用户偏好波纹的传播示意图

从一跳波纹集合 S_u^1 开始，每个头实体与项目 v_j 相连的概率为：

$$p_i = \frac{\exp(v_j^T R_i e_{h_i})}{\sum_{(e_{h_i}, r_k, e_{t_i}) \in S_u^1} \exp(v_j^T R_k e_{h_i})} \tag{5-3}$$

其中，$R_i \in \mathbb{R}^{d \times d}$ 是关系 r_i 的嵌入表示，$e_{h_i} \in \mathbb{R}^d$ 是头实体的嵌入表示。公式（5-3）表示在关系层面候选项目和头实体之间的相似度，并且根据关系赋予不同的语义。然后，可以根据以下公式计算一跳后的用户兴趣：

$$o_{u_i}^1 = \sum_{(e_{h_i}, r_i, e_{t_i}) \in S_u^1} p_i e_{t_i} \tag{5-4}$$

$e_{t_i} \in \mathbb{R}^d$ 代表尾实体的嵌入表示。公式（5-4）代表对尾实体加权求和，可以看作是用户对尾实体的一跳响应。那么用户在 h 跳后的相应 $o_{u_i}^h$ 可以通过用 $o_{u_i}^{h-1}$ 迭代地代替公式（5-3）中的 v_i 计算，以便和波纹集合中 $S_{u_i}^h$ 的头实体交换信息。这个过程可以理解为用户偏好的传播，用户喜欢的项目特征可以从历史交互传递到 h 跳的实体。

因此，可以得到用户最终的嵌入表示：

$$u_i = o_{u_i}^1 + o_{u_i}^2 + \cdots + o_{u_i}^h \tag{5-5}$$

值得注意的是，为了防止波纹集合过大而增加计算的复杂度，要设定最大跳数值，而且跳数值的减小并不会过多影响传播的质量。像现实中的水滴波纹一样，不同跳数的波纹在传播的过程中会发生重叠，即从用户的历史记录出发，可以通过多条路径到达图中的实体。所以，跳数的数值太大不仅会增加不相关的实体数量，还会导致波纹相叠之后的计算重复。

5.2.4 注意力机制的知识传播

这一节主要关注高阶关系的探索，并且对重要的邻域和关系给予相应的权重，用图注意力机制的方式给辅助信息增加权重，提高推荐的质量。

首先，从上一个传播中可以得到头实体 e_h、关系 r 及尾实体 e_t 的嵌入向量，根据这些嵌入向量可以定义实体的邻域：

$$N_{e_k} = \{(e_h, r, e_t) \mid (e_h, r, e_t) \in G\} \tag{5-6}$$

一个实体可以有多个属性，比如说电影《幸福终点站》可以同时拥有属性演员"汤姆·汉克斯"和导演"史蒂文·斯皮尔伯格"，这些属性作为实体的邻域在传播的时候都应该纳入考虑当中，不同属性根据的语义不同在传播过程中被赋予不同的影响力，因此传播的方式如下：

$$e_{N_{e_h}} = \sum_{(e_h, r, e_t) \in N_{e_h}} a(e_h, r, e_t) e_t \qquad (5-7)$$

其中，$a(e_h, r, e_t)$ 是注意力因子，代表关系 (e_h, r, e_t) 所含语义信息的重要性。比如，关系"导演"比"电影类型"更能代表用户的偏好。因此，注意力因子的计算方式如下：

$$a(e_h, r, e_t) = (W_r e_t)^T \sigma(W_r e_h + r) \qquad (5-8)$$

W_r 主要用于将实体映射到关系空间，$\sigma(\cdot)$ 是非线性激活方程。这样，通过公式（5-7）就可以计算头实体和尾实体在关系空间的相似程度，两个实体越相近，它们之间的关系越重要。因此，实体周围重要的邻域就可以得到更多的关注。然后，将注意力因子在周围邻域中做归一化运算：

$$a(e_h, r, e_t) = \frac{\exp[a(e_h, r, e_t)]}{\sum_{(e_h, r', e_{t'}) \in N_{e_h}} \exp[a(e_h, r', e_{t'})]} \qquad (5-9)$$

通过注意力机制的知识传播可以给予语义信息丰富的邻域更多的权重，同时在传播过程中，距离近的邻域比远的邻域可以获得更多的权重。

最后，将头实体与邻域传播过来的信息进行聚合，在这里使用图卷积神经网络[1]进行聚合：

$$e_h = \text{LeakyReLU}[W(e_h + e_{N_{e_h}})] \qquad (5-10)$$

为了更好地探索高阶关系，使用多层传播模式挖掘高阶邻域[2]：

$$e_h^l = \text{LeakyReLU}[W(e_h^l + e_{N_{e_h}}^{l-1})] \qquad (5-11)$$

---

[1]　Thomas N. Kipf, Max Welling, "Semi-Supervised Classification with Graph Convolutional Networks", 2017, arXiv: 1609.02907.

[2]　Xiang Wang, et al., "KGAT: Knowledge Graph Attention Network for Recommendation", Proceedings of the 25th ACM SIGKDD International Conference on Knowledge Discovery & Data Mining, Anchorage, A.K., 2019.

其中，e_h^0 在第一次迭代中用 e_h 来表示，而 $e_{N_{e_h}}^{l-1}$ 作为上一层的邻域信息可以用如下公式计算：

$$e_{N_{e_h}}^{l-1} = \sum_{(e_h, r, e_t) \in N_{e_h}} a(e_h, r, e_t) e_t^{l-1} \tag{5-12}$$

通过公式（5-12），知识可以从一层传到下一层，对图进行更深的探索。如前文所述的鲍勃$\xrightarrow{\text{喜欢}}$《幸福终点站》$\xrightarrow{\text{演员}}$汤姆·汉克斯$\xrightarrow{\text{出演}}$《阿甘正传》$\xrightarrow{\text{喜欢}}$爱丽丝，高阶关系可以通过多层的传播而得到挖掘。

5.2.5 预测

在上述两个传播后，可以得到用户的嵌入向量 $\{e_u^1, e_u^2, \cdots, e_u^l\}$ 以及项目的嵌入向量 $\{e_v^1, e_v^2, \cdots, e_v^l\}$，这些向量代表经过不同层传播后的不同信息，为了更全面地表现用户和项目的特征，需要将这些向量整合：

$$U = e_u^0 \parallel e_u^1 \parallel \cdots \parallel e_u^l \tag{5-13}$$

$$V = e_v^0 \parallel e_v^1 \parallel \cdots \parallel e_v^l \tag{5-14}$$

公式中的 $\parallel$ 是连接操作（Concatenation）。用户和项目交互的概率可以用如下预测方程来计算：

$$\hat{y}_{uv} = U^T V \tag{5-15}$$

5.2.6 训练与学习

为了训练 AKUPP 模型，本章使用 Adam 优化对损失函数进行学习，该模型的损失函数定义如下：

$$L = L_{UPP} + L_{AKP} + L_{REG} \tag{5-16}$$

其中，L_{UPP}是指用户偏好的传播损失，L_{AKP}是指注意力机制的知识传播损失，L_{REG}是防止过拟合的归一化参数。

用户偏好的传播损失函数如下：

$$L_{UPP} = \sum_{u \in U, v \in V} - \{y_{uv}\log\sigma(u^T v) + (1 - y_{uv})\log[1 - \sigma(u^T v)]\} \quad (5-17)$$

而知识传播的损失函数则可由 BPR 损失[①]计算：

$$L_{AKP} = \sum_{(u,i,j) \in O} - \ln\sigma(\hat{y}_{ui} - \hat{y}_{uj}) \quad (5-18)$$

$O = \{(u, i, j) \mid (u, i) \in R^+, (u, j) \in R^-\}$，$R^+$代表用户 u 和项目 i 之间有可观察的交互，R^-代表用户 u 和项目 j 之间没有可观察的交互。

对于归一化参数，为了防止过拟合，将模型中的所有参数都纳入考量，使用 L_2 归一化，λ_1 和 λ_2 是平衡参数：

$$L_{REG} = \lambda_1(\parallel W^L \parallel_2^2) + \frac{\lambda_2}{2}(\parallel V \parallel_2^2 + \parallel E \parallel_2^2 + \parallel R \parallel_2^2) \quad (5-19)$$

AKUPP算法流程如图 5 - 4 所示：其中步骤 4 ~ 7 是第一个传播过程，步骤 9 ~ 10 是第二个传播过程，这也是依次学习的过程，将第一次传播学习的结果引入第二次传播中，得到最后的用户和项目向量。

算法 5 - 1. AKUPP 算法

输入：用户—项目交互矩阵 Y，知识图谱 G

输出：概率预测$\hat{y}_{uv}$

1：参数初始化

2：根据公式（5 - 2）计算 S_u^k

3：for $i = 1, \cdots,$ max_iter do

[①] Steffen Rendle, et al., "BPR: Bayesian Personalized Ranking from Implicit Feedback", 2009, arXiv: 1205.2618.

续图

4：采样一个批量 R^+ 和 R^-
5：对知识图谱中的三元组进行采样
6：通过反向传播，根据公式（5-3）至公式（5-5）和公式（5-17）计算批量的梯度
7：利用学习率 η_1，用梯度下降的方法更新 e_h、R、e_t
8：for $l = 1$, …, max_ layer do
9：根据公式（5-6）至公式（5-15）和公式（5-18）至公式（5-19）计算梯度
10：利用 η_2，用梯度下降的方法更新 W^l、V、E、R
11：end for

图 5-4　AKUPP 算法流程

5.3　实验评估及分析

5.3.1　数据集

AKUPP 实验使用的数据集分别为 Amazon - Book、Last - FM 及 Yelp - 2018。

Amazon - Book：目前主要用于书籍推荐的数据集[1]。本章使用 70679 个用户和 14815 个项目，为了保证数据集的质量，采用 10 芯设定（10 - Core Setting）[2]，即用户和项目之间的交互不少于 10 次。

Last - FM：用户音乐推荐的主要数据集[3]。同 Amazon - Book 一样，用户和项目的交互不少于 10 次，以保证数据集的质量。

Yelp - 2018：使用 Yelp 数据集中 2018 年期间的评论[4]，把商店、

---

① Julian McAuley, et al. , "Image - Based Recommendations on Styles and Substitutes", Proceedings of the 38th International ACM SIGIR Conference on Research and Development in Information Retrieval, Santiago, 2015.

② Hongwei Wang, et al. , "RippleNet: Propagating User Preferences on the Knowledge Graph for Recommender Systems", Proceedings of the 27th ACM International Conference on Information and Knowledge Management, Torino, 2018.

③ "Last - FM dataset", 2012, https://grouplens. org/datasets/hetrec - 2011/.

④ "Yelp challenge dataset", 2013, https://www. yelp. com/dataset/challenge/.

餐厅、酒吧作为项目，而且用户和这些项目的交互不少于 10 次。

三个数据集的统计数据如表 5 - 1 所示。为了加入知识图谱的信息，实验中使用 Freebase 中的数据，如果 Freebase 中的实体 ID 存在于 Amazon - Book 和 Last - FM 数据集中，则把实体与数据集中的项目相联系。此外，对于数据集 Yelp - 2018，将数据集中的项目属性作为知识图谱中的实体，比如商店包含地理属性等，然后把实体与项目相连接。

此外，将三个数据集中 80% 的数据用于训练，20% 的数据用于测试。在训练数据集中，选取 10% 的数据用于验证。

表 5 - 1　数据集 Amazon - Book、Last - FM 及 Yelp - 2018 的统计数据

数据集	Yelp - 2018	Last - FM	Amazon - Book
#用户	45919	23566	70679
#项目	45538	48123	24915
#交互	1185068	3034796	847733
#实体	90961	58266	88572
#关系	42	9	39
#三元组	1853704	464567	2557746

5.3.2　基准方法

在 AKUPP 实验中，基准方法使用因子分解机、知识图谱嵌入表示、基于路径的知识图谱推荐和基于传播的知识图谱推荐的典型方法，此外还有第 2 章中的 GCMC 模型。

（1）NFM[①]：神经因子分解机（Neural Factorization Machine）是典型的因子分解机模型，考虑输入之间的二阶特征交互，并且使用

[①]　Xiangnan He, Tat Seng Chua, "Neural Factorization Machines for Sparse Predictive Analytics", Proceedings of the 40th International ACM SIGIR Conference on Research and Development in Information Retrieval, Tokyo, 2017.

神经网络进行挖掘。在实验中，对输入的特征使用一层隐藏层。

（2）CKE[①]：协作知识嵌入（Collaborative Knowledge Base Embedding）是代表性的知识图谱嵌入模型，使用 TransR 将知识库中的语义信息进行嵌入表示，以辅助推荐过程。

（3）CFKG[②]：知识图谱的协同过滤（Collaborative Filtering on Knowledge Graphs）也是知识图谱嵌入模型的一种，使用 TransE 方法将用户、项目、实体、关系作为一个整体进行嵌入，用户和项目嵌入的远近决定了他们之间交互的概率。

（4）MCRec[③]：基于元路径的上下文的推荐（Meta – Path Based Context for Recommendation）是基于路径的知识图谱推荐模型，将合适的路径挑选出来作为用户和项目之间的通路。

（5）RippleNet[④]：最初的基于传播的知识图谱推荐方法，通过用户伸展出的路径来丰富用户的表示。

（6）KGAT[⑤]：知识图谱注意力机制（Knowledge Graph Attention Network）可以挖掘知识图谱中的高阶关系，使用 TransR 对传播进行初始化。

① Fuzheng Zhang, et al. , "Collaborative Knowledge Base Embedding for Recommender Systems", Proceedings of the 22nd ACM SIGKDD International Conference on Knowledge Discovery and Data Mining, San Francisco, C. A. , 2016.

② Yongfeng Zhang, et al. , "Learning over Knowledge – Base Embeddings for Recommendation", 2018, arXiv: 1803. 06540.

③ Binbin Hu, et al. , "Leveraging Meta – Path Based Context for Top – N Recommendation with a Neural Co – Attention Model", Proceedings of the ACM SIGKDD International Conference on Knowledge Discovery and Data Mining, London, 2018.

④ Hongwei Wang, et al. , "RippleNet: Propagating User Preferences on the Knowledge Graph for Recommender Systems", Proceedings of the 27th ACM International Conference on Information and Knowledge Management, Torino, 2018.

⑤ Xiang Wang, et al. , "KGAT: Knowledge Graph Attention Network for Recommendation", Proceedings of the 25th ACM SIGKDD International Conference on Knowledge Discovery & Data Mining, Anchorage, A. K. , 2019.

5.3.3　实验设置

在这次对比实验中，主要任务是 Top – K 推荐，采用两个广泛使用的评价指标：Recall@ K 及 Ndcg@ K。K 代表选取用户最可能点击的前 K 个项目，这里使用 $K = 20$。

对于第一次用户偏好传播，设定波纹集合为 32，跳数为 2。对于第二次知识传播，设定嵌入向量维度为 64，*Batch* 的维度为 1024，并且使用三层传播。同时，学习率设定为 0.0001，*Dropout* 为 0.1，归一化的参数使用 $[10^{-5}, 10^{-5}, 10^{-2}]$。

5.3.4　实验结果与分析

5.3.4.1　不同算法比较结果

AKUPP 与基准方法的比较结果如表 5 – 2 所示，从实验结果中可以得到如下几点结论。

表 5 – 2　AKUPP 和基准方法的实验结果比较

算法	Yelp – 2018		Last – FM		Amazon – Book	
	Recall@ 20	Ndcg@ 20	Recall@ 20	Ndcg@ 20	Recall@ 20	Ndcg@ 20
NFM	0.0660	0.0810	0.0829	0.1214	0.1366	0.0913
CKE	0.0657	0.0805	0.0736	0.1184	0.1343	0.0885
CFKG	0.0522	0.0644	0.0723	0.1143	0.1142	0.0770
MCRec	–	–	–	–	0.1113	0.0783
GCMC	0.0659	0.0790	0.0818	0.1253	0.1316	0.0874
RippleNet	0.0670	0.0815	0.0791	0.1235	0.1318	0.0945
KGAT	0.0712	0.0867	0.0871	0.1325	0.1489	0.1006
AKUPP	0.0825	0.0903	0.0961	0.1453	0.1678	0.1011

（1）AKUPP 在三个数据集中都取得了最好的效果。具体来说，相比于基准方法中推荐性能最好的 KGAT，AKUPP 在数据集 Yelp –

2018、Last – FM、Amazon – Book 推荐中，Recall@ 20 的数值分别提升了 15.9%、10.3% 和 12.7%，Ndcg@ 20 数值分别提升了 4.2%、9.7% 和 0.5%。原因在于 KGAT 虽然也可以挖掘高阶关系，但是其用户和项目的嵌入表示使用了 TransR 方法进行学习，然后将嵌入表示进行传播，缺少在不同语义下用户偏好的差别，降低了特征向量的表示能力，从而影响了推荐准确性。而 AKUPP 加入了用户偏好的传播，深层次学习用户对项目隐藏特征的偏好，因而获得了更高的推荐准确性。

（2）与知识图谱传播的经典算法 RippleNet 相比，在三个数据集中，AKUPP 的 Recall@ 20 数值分别提升了 23.1%、21.5% 和 27.3%，Ndcg@ 20 数值分别提升了 10.8%、17.7% 和 7.0%。因为 RippleNet 在探索高阶关系时为了降低计算的复杂度，减少了关系的嵌入表示维度并降低了复杂度，从而只挖掘了一部分图结构的信息，推荐的准确性低于 AKUPP。此外，AKUPP 使用图注意力机制为语义和属性增添重要度，因此在推荐任务中有较高的准确性。

（2）KGAT 和 RippleNet 的两个评价指标基本上高于同为知识图谱的推荐算法 MCRec、CFKG 和 CKE，说明基于传播的知识图谱推荐整体要比嵌入和基于路径的方法表现要好，原因在于基于传播的方法结合了嵌入和路径的优点，利用嵌入来优化实体的表示，在传播过程中探索了知识图谱中的路径，而且传播的思想不需要手动设置元路径，因此基于传播的方法可以更好地探索图的拓扑信息，达到较高的推荐质量。

（3）NFM 的 Recall@ 20 和 Ndcg@ 20 比嵌入的知识图谱推荐算法 CKE 要高，说明基于 FM 的方法在处理稀疏数据上具有一定的优势。原因在于 NFM 的多层神经网络可以探索一部分高阶关系，而 CKE 的嵌入方式只考虑了节点直接相连的低阶关系。然而，这两种嵌入的方法仅考虑了直接相连的用户和项目，所以推荐的准确性受到了影响。值得注意的是，CKE 方法需要使用了文本和图像的辅助信息，这一部分是 CKE 重要的推荐因素之一，但是本次实验中并没有使用此类数据，所以 CKE 的推荐结果有一定的偏差。

（4）GCMC 作为二部图的推荐算法，缺少像知识图谱推荐中的辅助信息，但是准确率在 Last – FM 数据集中高于知识图谱推荐技术 RippleNet、CKE 和 CFKG，原因在于 GCMC 运用了二部图中的高阶关系，因此仍能达到较高的推荐准确率。它的主要思想是通过消息传递构造用户和项目的嵌入表示，也可以看作是基于传播的思想，可以挖掘到用户和项目的高阶隐藏特征，说明传播的方法可以提高推荐的准确性。

（5）KGAT 的推荐准确性高于 RippleNet，这一点可以用 KGAT 探索了高阶连通性来解释，即 KGAT 可以充分挖掘图的拓扑信息，而 RippleNet 为了降低计算复杂度，只探索了一部分图信息。

（6）RippleNet 的推荐准确性高于基于路径的 MCRec。原因在于基于路径的方法的性能依赖于元路径的设定，一般是由经验丰富的专业人士设置，而 RippleNet 可以通过传播的方法自动找到恰当的路径[①]。

5.3.4.2　数据稀疏性实验

为了检验 AKUPP 应对数据稀疏性问题的有效性，本次实验中将每个数据集分为四组。比如说，将 Amazon – Book 数据集分为用户与项目的交互次数少于 7 次、少于 15 次、少于 48 次、少于 4475 次四组，同时确保每一组交互的总数保持大致相同。图 5 – 5 给出了评价指标 Ndcg@ 20 的比较结果，可以得出如下几点结论。

（1）AKUPP 和 KGAT 缓解数据稀疏性的能力要比 RippleNet

---

①　Hongwei Wang, et al. , "RippleNet: Propagating User Preferences on the Knowledge Graph for Recommender Systems", Proceedings of the 27th ACM International Conference on Information and Knowledge Management, Torino, 2018.

119

好，Ndcg@20 的数值都高于或等于 RippleNet，尤其是对于更稀疏的 Amazon - Book 组，这两个方法在每一组中的推荐准确性都高于 RippleNet。这说明通过探索高阶关系，可以使图结构的信息得到了更好的挖掘，从而在一定程度上缓解了数据稀疏对推荐产生的负面影响。

（2）AKUPP 缓解数据稀疏性的能力整体略优于 KGAT，因为 AKUPP 通过用户偏好的传播挖掘了用户和项目交互的潜在特征，这些特征使得 AKUPP 能更好地刻画用户的偏好，缓解数据稀疏所带来的问题。

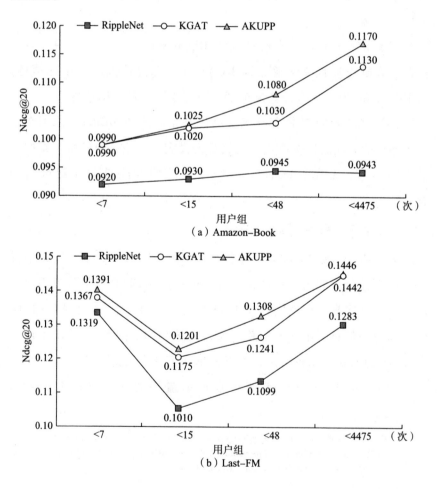

（a）Amazon-Book

（b）Last-FM

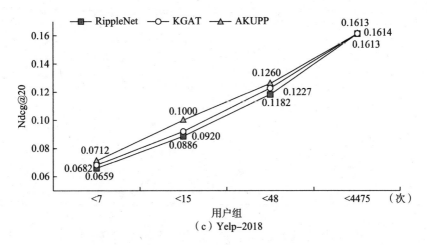

图 5 - 5　缓解数据稀疏性问题的性能比较

（3）对于数据集 Yelp - 2018，在缓解数据稀疏性方面，AKUPP 与另外两个基准方法几乎相同，原因可能是在密集的数据集中，对高阶关系的探索会更容易引入其他干扰信息，使得构造的用户偏好有一定的偏差，从而影响了推荐的准确性，同时增加了计算的复杂度。

5.3.4.3　参数敏感性测试

（1）图注意力机制、用户偏好、知识传播对 AKUPP 性能影响测试

首先，对 AKUPP 框架的不同部分做算法结果影响力测试，主要测试图注意力机制、用户偏好传播、知识传播三个模块对 AKUPP 算法的影响。具体做法是将它们从框架中移除，然后观察推荐结果：移除图注意力机制，将注意力因子 a（e_h，r，e_t）换成 $1/|N_h|$，给予邻域相同的权重；移除用户偏好传播，将波纹跳数设为 1，代表着只使用用户与项目的直接交互记录；移除知识传播，将层数设为 1，知识仅在实体的一层交互中得到聚集，缺少了高阶关系。结果如表 5 - 3 所示。

表 5 - 3 图注意力机制、用户偏好、知识传播对 AKUPP 的性能影响

算法/数据集		AKUPP	移除图注意力机制	移除用户偏好传播	移除知识传播
Yelp - 2018	Recall@ 20	0.0825	0.0703	0.0669	0.0775
	Ndcg@ 20	0.0903	0.0808	0.0783	0.0870
Last - FM	Recall@ 20	0.0961	0.0895	0.0812	0.0890
	Ndcg@ 20	0.1453	0.1320	0.1209	0.1214
Amazon - Book	Recall@ 20	0.1678	0.1374	0.1345	0.1489
	Ndcg@ 20	0.1009	0.0926	0.0910	0.0998

从表 5 - 3 中可以看出，移除这三个部分都会不同程度地降低 AKUPP 的性能。移除用户偏好传播后的推荐准确性是最低的，原因是只考虑了用户和项目的直接交互，很难挖掘到用户对项目特征的隐藏偏好。移除图注意力机制也影响了推荐的准确性，这个结果与事实相符，缺少了知识图谱中重要的语义信息，不能完整刻画项目的属性。移除知识传播也降低了推荐质量，因为只考虑了知识图谱中项目的直接属性，隐藏特征没有得到充分探索。这说明在 AKUPP 中用户偏好传播、知识传播、图注意力机制对于提升推荐准确性都有重要的作用。

（2）传播层数测试

对传播层数做影响力测试，结果如表 5 - 4 所示。

表 5 - 4 传播层数对 AKUPP 的影响测试

传播层数	Yelp - 2018		Last - FM		Amazon - Book	
	Recall@ 20	Ndcg@ 20	Recall@ 20	Ndcg@ 20	Recall@ 20	Ndcg@ 20
1	0.0775	0.0870	0.0890	0.1214	0.1489	0.0998
2	0.0810	0.0902	0.0945	0.1184	0.1576	0.1006
3	0.0825	0.0903	0.0961	0.1460	0.1678	0.1009
4	0.0839	0.0904	0.0962	0.1453	0.1694	0.1017

从表 5－4 中可以看出，最高的推荐准确性大多出现在 4 层传播的时候，说明多层传播可以有效挖掘高阶关系信息，可以提升推荐质量。然而，如果层数超过阈值，则对结果产生相反的影响。在数据集 Last－FM 中，4 层的 Ndcg@ 20 数值低于 3 层的 Ndcg@ 20 数值，原因在于高层数会给 AKUPP 增加干扰信息，影响推荐的准确性，同时增加计算的复杂度。

（3）波纹集合的维度测试

第三个参数敏感性测试是测验波纹集合维度对结果的影响，如图 5－6 所示。可以看出，Recall@ 20 数值首先随着维度增大而增大，维度高于 32 后，数值降低。因为大维度的波纹集合可以保存更多的用户偏好信息，但是当波纹集合达到一定阈值之后，会引入过多的干扰信息，从而影响了推荐质量。因此，选择合适的维度对推荐准确性也有影响，本章中使用维度 32。

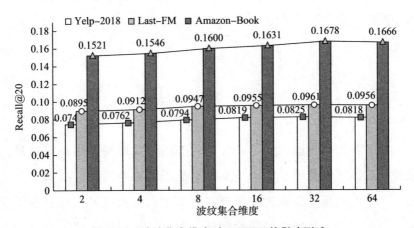

图 5－6　波纹集合维度对 AKUPP 的影响测试

（4）时间复杂度测试

由于 AKUPP 探索高阶关系，需要进一步讨论算法的时间复杂度。算法的时间复杂度来自两个方面：用户偏好传播和知识传播。由于使用了 Adam 最优化算法，用户偏好传播的时间复杂度取决于波

纹集合的跳数，为 $O(\sum\limits_{h=1}^{H}|G_2|d_hd_{h-1})$。对于知识传播，时间复杂度主要来源于层数，为 $O(\sum\limits_{l=1}^{L}|G|d_ld_{l-1})$。预测模块在每一训练批量的时间消耗则为 $O(|G|d_l)$，包含用户和项目的内积的计算时间复杂度。总体而言，最后的时间复杂度为：

$$O(\sum\limits_{h=1}^{H}|G_2|d_hd_{h-1} + \sum\limits_{l=1}^{L}|G|d_ld_{l-1} + |G|d_l) \tag{5-20}$$

具体来说，实验中测试了基准方法的时间消耗，时间消耗对比如下：对于数据集 Amazon-Book，NFM、RippleNet、KGAT、AKUPP、MCRec 消耗的时间为 180s、1.5h、1220s、1h 和 20h。AKUPP 的时间消耗比基于路径的算法要少，但是高于因子分解机以及 KGAT。相比于 KGAT，AKUPP 加入了用户偏好传播，可以更好地挖掘用户和项目的潜在交互关系，虽然增加了训练时间，但是可以提高推荐质量，需要在复杂度和准确性之间做出权衡，这仍然是今后工作提升的方向之一。

5.4 本章小结

在融合知识图谱的推荐系统中，如何更好地挖掘用户对项目隐藏特征的偏好以及项目的隐藏属性，是提升推荐准确性的重要方法之一。图中的高阶关系代表着节点之间的高阶连通性，更直接地反映了知识图谱和二部图的结构特征。同时，知识图谱的不同语义也为项目增添了丰富的属性信息，而这些属性对于了解用户偏好有着不同的作用。因此，本章提出了基于传播思想的知识图谱推荐系统 AKUPP，一方面根据用户的历史交互进行用户偏好传播，另一方面通过图注意力机制对高阶关系的语义进行知识传播。对于用户偏好传播，利用波纹效应挖掘用户的隐藏偏好，对于知识传播，使用图注意力机制突出语义关系以及邻域的重要性，并且在传播中使用多层的方法来提取高阶关系，然后将两个传播进行依次学习。因此，AKUPP 有效整合了知识图谱和二部图的结构信息，利用了辅助信息和高阶关系对提升推荐准确性的作用。此外，对三个真实数据集的实验也证明了 AKUPP 可以提高推荐质量，缓解推荐系统中数据稀疏的问题。

第 6 章

基于邻域的知识图谱推荐系统

6.1　引言

　　第 5 章介绍了基于传播的知识图谱推荐方法，本章将从另一个角度研究将知识图谱融入推荐系统的方法：基于邻域的方法。具体来说，基于传播的方法是将二部图和推荐系统中的节点，通过信息传播的方式融合图中关联的其他节点信息，从而将节点与图的拓扑结构信息相融合以进行推荐；而基于邻域的方法则是将二部图和知识图谱的实体遵循连接的规则进行图重构，将原本图中的用户—项目关系转换成用户邻域集合—项目邻域集合的交互关系，然后使用图表示学习方法对融入知识图谱语义信息的推荐系统进行交替学习。

　　如前文所述，传统的推荐系统技术不能探索高阶关系，而融入图表示学习传播思想的知识图谱推荐系统，可以探索隐藏的高阶关系，并且可以为推荐结果提供可解释性。然而，大部分的知识图谱图表示学习技术不能完全使用图的结构信息：这些技术通常在预测之前就已经将用户和项目的邻域压缩到其嵌入表示中，过早地将节点和边之间的关系定型，导致推荐时只有两个节点和它们之间的边是激活的状态，而其他节点和边的信息混合在一起，忽略了图中关系的共同作用，使得图的拓扑信息有一定的缺失，这个现象被称为"早期总结"（Early Summarization）。针对这个问题，Qu 等提出 KNI（Knowledge – Enhanced Neighbor Interaction）模型，将用户和项目之间的交互压缩为它们之间邻域的交互，充分考虑图结构的信息，并将高阶邻域关系纳入考量中[①]。但是，KNI 在压缩的过程中，将所有关系和边的语义信息默认为"存在或者不存在"，忽略了关系中包含着丰富且复杂的语义信息，项目的不同属性也没有区分开来。

因此，本章提出多任务增强的邻域交互的知识图谱推荐算法（Multi – Task Neighborhood Interaction Model for Recommendation，MNI）。具体来说，将知识图谱压缩为一个邻域的局部结构，在该结构中收集用户和项目的邻域进行推荐，并且挖掘高阶关系。同时为了区分不同关系的语义信息，将知识图谱语义信息加入项目的实体中，并且与构建的邻域局部结构图中相对应的项目进行信息传递和共享。总体而言，本章提出的 MNI 模型有以下几点贡献。

（1）将融入知识图谱的推荐系统进行重构，得到高阶邻域交互的信息，通过图双注意力机制对重构的邻域图进行学习。

（2）对知识图谱关系的语义信息进行嵌入式学习，并且使用多任务学习中交替学习的方式将压缩的语义信息和重构的领域图进行信息增强与相互学习。

本章对三组真实数据集进行了测试，即电影、书籍、音乐数据集，将 MNI 的推荐结果与基准方法进行比较，发现 AUC 分别提升了 0.7% ~ 6.6%、1.2% ~ 14%、0.2% ~ 6.2%，ACC 分别提升了 0.9% ~ 8.3%、0.2% ~ 10.5%、0.4% ~ 9.6%。

① Yanru Qu, et al., An End – to – End Neighborhood – Based Interaction Model for Knowledge – Enhanced Recommendation, Proceedings of the 1st International Workshop on Deep Learning Practice for High – Dimensional Sparse Data, Anchorage, 2019.

此外，本章对提出的四种算法进行了比较，通过对数据集 Last - FM 的实验，使用 Recall@ 20 及 Precision@ 20 两个评价指标，比较四种算法的推荐结果，分析了不同辅助信息对推荐结果的影响以及四种算法适用的场景和数据。

本章的结构安排如下：6.2 节介绍 MNI 的整体设计；6.3 节展示实验方法和实验结果；6.4 节分析本文提出的四种算法并且进行比较；6.5 节对本章内容进行总结。

6.2 基于邻域交互的多任务知识图谱推荐

6.2.1 MNI 框架

MNI 的整体框架如图 6 - 1 所示，主要包含三个模块：邻域图嵌入模块（Neighbor - Interaction Embedding）、交叉压缩单元模块（Cross & Compress）和语义信息嵌入模块（Semantical Relation Embedding）。

邻域图嵌入模块首先将交互二部图和知识图谱重新构建成为邻域图，过程如图 6 - 2 所示。然后使用图双注意力机制对邻域图进行用户和项目的嵌入，如图 6 - 1 下半部所示，得到用户嵌入 U_L 和项目嵌入 V_L。语义信息嵌入模块是图 6 - 1 的上半部分，主要使用多层语义匹配模型[①]对知识图谱中的语义关系进行学习。交叉压缩单元像一座桥梁一样架在邻域图嵌入模块和语义信息嵌入模块之间[②]，在项

① Maximilian Nickel, et al., "Holographic Embeddings of Knowledge Graphs", Proceedings of the 30th AAAI Conference on Artificial Intelligence, AAAI 2016, Phoenix, A. Z., 2016; Hanxiao Liu, et al., "Analogical Inference for Multi-Relational Embeddings", Proceedings of the 34th International Conference on Machine Learning, Sydney, 2017.

② Hongwei Wang, et al., "Multi - Task Feature Learning for Knowledge Graph Enhanced Recommendation", Proceedings of the World Wide Web Conference, San Francisco, C. A., 2019.

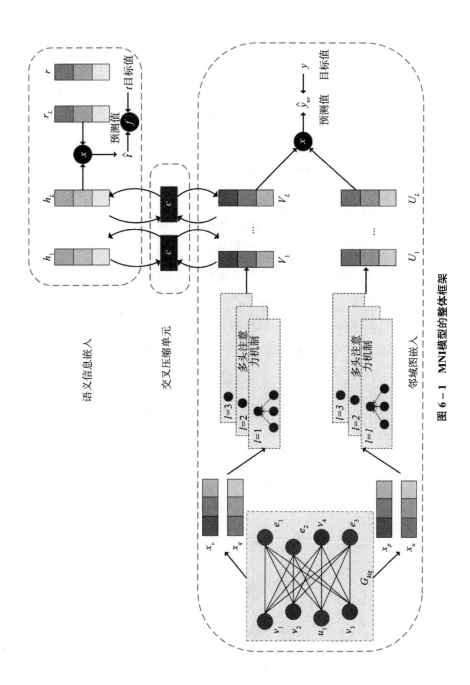

图 6 - 1　MNI模型的整体框架

深度理解算法：图表示学习的推荐系统研究

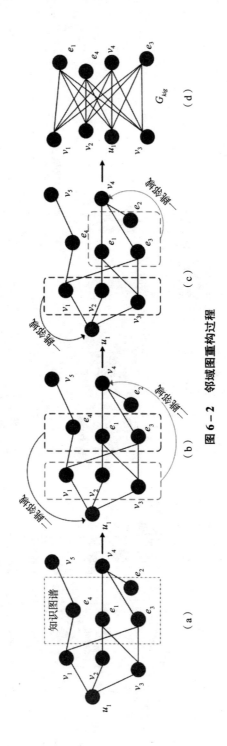

图 6-2 邻域图重构过程

目嵌入表示和对应的头实体之间进行信息共享和增强。因此，MNI可以挖掘高阶关系和关系中的语义信息，并且通过对模块的交替学习模式，进行更准确的推荐。融入知识图谱的推荐系统的符号和定义如 5.2.2 节所述，包含二部图 G_{rs} 和知识图谱 G_{kg}。

6.2.2　交叉压缩单元模块

交叉压缩单元主要用于邻域图嵌入和语义信息嵌入模块之间的沟通，将两个模块中的项目和它关联的实体所包含的信息互相学习和增强，如图 6 - 3 所示。

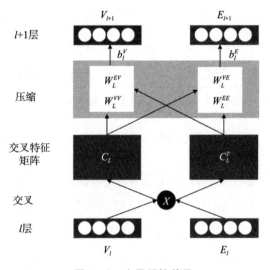

图 6 - 3　交叉压缩单元

首先根据第 l 层的项目隐藏特征 $v_l \in R^d$ 和实体的隐藏特征 $e_l \in R^d$，可以得到它们之间的交叉特征矩阵 $C_l \in R^{d \times d}$，d 是隐藏层的嵌入维度：

$$C_l = v_l e_l^T = \begin{bmatrix} v_l^1 e_l^1 & \cdots & v_l^1 e_l^d \\ \vdots & \ddots & \vdots \\ v_l^d e_l^1 & \cdots & v_l^d e_l^d \end{bmatrix} \tag{6-1}$$

这个公式主要是将项目和实体任何一组可能的特征交互进行建模。然后，将交互矩阵映射到项目和实体的特征空间当中，即为特征压缩的过程，得到它们下一层的嵌入表示：

$$v_{l+1} = C_l w_l^{VV} + C_l^T w_l^{EV} + b_l^V \qquad (6-2)$$

$$e_{l+1} = C_l w_l^{EV} + C_l^T w_l^{EE} + b_l^E \qquad (6-3)$$

其中，$w_l^i \in R^d$ 和 $b_l^i \in R^d$ 是可以训练的参数，通过这些参数，项目和实体的向量从 $R^{d \times d}$ 等压缩回了 R^d 层。为了方便下面的使用，将交叉压缩单元简化为以下表达方式：

$$[v_{l+1}, e_{l+1}] = C(v_l, e_l) \qquad (6-4)$$

这里使用 $[v]$ 和 $[e]$ 分别代表不同的输出。此外，交叉压缩单元只存在于整个框架的底层，原因在于随着层数越来越高，高层信息的交互会使特征传输的能力越来越低，而且复杂度越来越高[①]。

6.2.3　邻域图嵌入模块

如前文所述，大多数推荐技术在预测前已经将交互信息压缩到节点和边的嵌入表示中，产生"早期总结"的问题。为了更好地挖掘图的结构信息，基于 KNI 的邻域关系，可以将用户和项目之间的交互转换为用户邻域和项目邻域之间的交互，从而更深层次地挖掘高阶关系的隐藏信息和整个图的拓扑结构。

在此模块中，首先将融入知识图谱的推荐系统 $G = G_{rs} \cup G_{kg}$ 重构为知识图谱增强的邻域交互图 G_{kig}。

---

① Hongwei Wang, et al., "Multi - Task Feature Learning for Knowledge Graph Enhanced Recommendation", Proceedings of the World Wide Web Conference, San Francisco, C. A., 2019; Hongwei Wang, et al., "RippleNet: Propagating User Preferences on the Knowledge Graph for Recommender Systems", Proceedings of the 27th ACM International Conference on Information and Knowledge Management, Torino, 2018.

定义 6.1：给定图 $G = G_{rs} \cup G_{kg}$，G_{rs} 包含用户集合 U 和项目集合 V，G_{kg} 包含三元组 (h, r, t)。令 N_u 为用户的邻域集合，N_v 为项目的邻域集合，则邻域交互图应为 $\{(i, j) \mid i \in U \cup N_u, j \in V \cup N_v\}$。

在重构的邻域交互图中，存在着用户和项目的交互 (u, v)、用户和项目邻域的交互 (u, q)、用户邻域和项目的交互 (p, v)，以及用户邻域和项目邻域的交互 (p, q)，$p \in N_u$，$q \in N_v$。重构的邻域图相当于包含了节点之间的高阶交互。在预测中，这些交互信息都应该加入影响因子中。如图 6-2 所示，在图 6-2（d）中，用户邻域（包含用户）和项目邻域（包含项目）相互连接，图 6-2（b）中的二阶关系在重构的邻域图中转换成了一阶关系。因此可以得出，邻域图含有高阶隐藏关系。使用图双注意力机制对重构的邻域交互图进行分析：

$$a_{p,q} = \mathrm{Softmax}\left[\, w^T \mathrm{concat}(x_u, x_p, x_v, x_q) + b \,\right] \tag{6-5}$$

$$\hat{y}_{uv} = \sum_{p \in N_u} \sum_{q \in N_v} a_{p,q} \langle x_p, x_q \rangle \tag{6-6}$$

其中，x_u、x_p、x_v、x_q 为用户 u、用户邻域 p、项目 v、项目邻域 q 的嵌入表示，$\langle\ \rangle$ 为内积操作。公式（6-5）中的注意力机制并不只考虑用户和项目的交互权重[①]，而是加入了用户邻域 x_p 以及项目邻域 x_q，随后通过公式（6-6）根据注意力因子 $a_{i,j}$ 得到不同的权重。可以得出，重构的邻域图包含了所有类型的邻域交互，并且在训练的时候解决了"早期总结"的问题。

下一步，将高阶邻域信息加入预测的过程中，使用图双注意力机制对高阶关系进行挖掘：

---

① Hongwei Wang, et al., "RippleNet: Propagating User Preferences on the Knowledge Graph for Recommender Systems", Proceedings of the 27th ACM International Conference on Information and Knowledge Management, Torino, 2018; Hongwei Wang, et al., "DKN: Deep Knowledge - Aware Network for News Recommendation", Proceedings of the World Wide Web Conference, Lyon, 2018.

$$x_p^1 = \sigma \left(\sum_{j \in N_p} a_{p,j}^1 w^1 x_j + b^1 \right) \tag{6-7}$$

$$x_u^2 = \sigma \left(\sum_{i \in N_u} a_{u,i}^1 w^2 x_p^1 + b^2 \right) \tag{6-8}$$

这里，$a_{i,j}^l$ 为节点 i 和 j 在第 l 层的注意力得分，$i = \{p,\ u\}$，x_p^1 和 x_u^2 是第 1 层和第 2 层注意力的输出，w 和 b 为可训练的权重和偏置，对于激活函数 σ （·）使用 LeakyReLU。$a_{i,j}^l$ 可以用如下公式计算：

$$a_{i,j}^l = \frac{\exp\{\mathrm{LeakyReLU}[w_a^{lT}\mathrm{concat}(x_i^{l-1},x_j^{l-1}) + b_a^l]\}}{\sum_{k \in N_i} \exp\{\mathrm{LeakyReLU}[w_a^{lT}\mathrm{concat}(x_i^{l-1},x_k^{l-1}) + b_a^l]\}} \tag{6-9}$$

因此，对于邻域图中的任意节点 i，都可以使用公式（6-8）计算其嵌入表示 x_i^l，然后将公式（6-5）中的特征向量用计算的 $x_i^l \in G_{kig}$ 代入，从而包含了高阶的邻域信息。这个过程如图 6-2（b）到图 6-2（d）的过程，用户节点的 2 跳邻域转换为邻域图中的 1 跳邻域。

此外，为了应对大型图，MNI 使用采样的方法，使用固定数目的邻域用户注意力机制：

$$\widetilde{N}_l = sample(N_i,k) \tag{6-10}$$

这里使用邻域采样的方法[①]，每个节点随机抽取 k 个邻域，以此平衡模型的复杂度。至此，得到的用户和项目的嵌入表示 x_u^l、x_v^l 包含高阶邻域信息。为了将用户和项目的嵌入向量对齐，还需要将其放入 L 层全连接神经网络 M^L，而项目嵌入表示还需要通过交叉压缩单元与语义信息嵌入模块中的相关实体进行信息传递：

$$U_L = M^L(x_u^l) \tag{6-11}$$

$$V_L = E_{e-S(v)}\{C^L(v,e)[M^L(x_v^l)]\} \tag{6-12}$$

---

① Will Hamilton, Zhitao Ying, Jure Leskovec, "Inductive Representation Learning on Large Graphs", Proceedings of the Advances in Neural Information Processing Systems 30, Long Beach, C. A., 2017.

其中，$M(x) = \sigma(Wx + b)$ 是全连接神经网络，$S(v)$ 为项目 v 的相关实体。

6.2.4　语义信息嵌入模块

在上个模块中，节点之间只有"存在或者不存在"一种语义信息，忽略了知识图谱含有丰富的语义信息，这一部分信息将在这个模块使用多层语义匹配模型得到学习。在给定三元组（h，r，t），对于头实体和关系，使用交叉压缩单元和全连接层来处理，用它们来预测尾实体：

$$h_L = E_{e-S(h)}\{C^L(v,h)[e]\} \tag{6-13}$$

$$r_L = M^L(r) \tag{6-14}$$

这里的 C^L 是针对实体的交叉压缩单元，$S(h)$ 是实体 h 的相关项目，h 及 r 是特征向量，包括 ID、类型等信息。公式（6-13）代表头实体需要和邻域图中相关的项目进行信息沟通，公式（6-14）代表关系通过连接层处理。通过头实体和关系，可以预测尾实体：

$$\hat{t} = M^K\begin{bmatrix}h_L\\r_L\end{bmatrix} \tag{6-15}$$

那么，此三元组的预测准确性可以通过下面的评分函数获得[①]：

$$score(h,r,t) = \sigma(t^T,\hat{t}) \tag{6-16}$$

6.2.5　训练与学习

MNI 的损失函数主要由三部分组成：

---

① Ishan Misra, et al., "Cross-Stitch Networks for Multi-Task Learning", Proceedings of the IEEE Conference on Computer Vision and Pattern Recognition, 2016, Las Vegas, N. V., 2016.

$$L = L_{KIE} + L_{SRE} + L_{REG} \qquad (6-17)$$

第一个部分的损失是邻域图嵌入产生的：

$$L_{KIE} = -\sum_{y_{uv} = 1} \log(\hat{y}_{uv}) - \sum_{y_{uv} = 0} \log(1 - \hat{y}_{uv}) \qquad (6-18)$$

第二个部分的损失是语义信息嵌入产生的：

$$L_{SRE} = -\lambda_1 \Big[\sum_{(h,r,t) \in G_{kg}} score(h,r,t) - \sum_{(h,r,t) \notin G_{kg}} score(h',r,t') \Big] \qquad (6-19)$$

最后使用归一化参数防止过拟合：

$$L_{REG} = \lambda_2 \parallel W \parallel_2^2 \qquad (6-20)$$

总而言之，MNI 算法流程如图 6 - 4 所示，主要使用负采样的方式进行训练：第 4 步到第 7 步为邻域图嵌入的模块训练；第 9 步到第 11 步为语义信息嵌入的模块训练，注意这里邻域图嵌入的训练要先进行 t 次才能进行下一个模块的训练，本章将在实验部分探索 t 的选择对实验结果的影响。因此，两个模块进行的是交替学习法：在训练过程中，首先对邻域图进行参数学习，此时语义关系图中的参数是固定不变的；然后学习过程相反，固定邻域图参数，对语义关系图中的参数进行优化，这里，t 代表交替更新的频率。

算法 6 - 1. MNI 算法

输入：交互矩阵 Y，知识图谱 G

输出：预测结果 $F(u, v \mid \Theta, Y, G)$

1：初始化参数

2：重构领域交互图 G_{kig}

3：for $i = 1, \cdots,$ max_iter do

4：for t steps do

5：从邻域交互图 G_{kig} 中采集正负交互批量集合

6：对批量中的项目 $e \sim S(v)$ 进行采样

7：根据公式（6 - 5）到公式（6 - 12）及公式（6 - 18），使用梯度下降法更新参数

续图

8： end for
9： 从知识图谱 G_{kg} 采集正负三元组批量集合
10： 对批量中的实体 $v \sim S(h)$ 进行取样
11： 根据公式（6-13）到公式（6-16）及公式（6-19），使用梯度下降法更新参数
12： end for

图 6-4　MNI 算法流程

6.3　实验评估及分析

6.3.1　数据集

MNI 实验中所用数据集为 5.3 节中的 Last-FM 及 3.3 节中的 Movielens-1M（音乐和电影推荐数据集），此外还使用另一种书籍推荐数据集 Book-Crossing[①]。

由于三个数据集都是带有评分的显示反馈，需要处理隐式反馈信息。对于 Movielens-1M，将评分 4 分和 5 分认定为用户和项目之间有交互，并设为 1，其他评分设为交互为 0；对于 Book-Crossing 和 Last-FM，对用户没有看过的书或音乐进行随机采样，作为交互为 0 的集合。与第 5 章实验不同的是，本章使用 Microsoft Satori[②] 为三个数据集创建知识图谱。从知识图谱中抽取三元组的子集，选择关系为"film"、"book"或者"music"，然后对子集的尾实体和三个数据集中的项目进行配对，只有配对成功的物品和实体可以留下来。最后用这些实体筛选知识图谱中的头结点和尾节点，成功筛选出所有配对成功的三元组，构成所需要的知识图谱。具体统计信息如表 6-1 所示。

---

① "Book-Crossing dataset", 2004, http://www2. informatik. Uni. freiburg. de/ ~cziegler/BX/.
② "Microsoft Satori", https://searchengineland. com/library/bing/bing-satori.

表 6 – 1　数据集 Book – Crossing、Last – FM 及 Movielens – 1M 的统计数据

数据集	Movielens – 1M	Book – Crossing	Last – FM
#用户	6036	17860	1872
#项目	2347	14910	3846
#交互	753772	139746	42346
#三元组	20195	19793	15518

6.3.2　基准方法

在 MNI 实验中，除了 5.3.2 节中的 CKE[①] 模型外，还使用如下基准方法。

（1）LibFM[②]：一个广泛使用的因子分解机，可以有效对特征之间的交互进行建模。在实验中，通过 TransR[③] 用户 ID、项目 ID 及实体的嵌入表示，嵌入维度为 32，然后输入 LibFM 中。

（2）Wide&Deep[④]：另一种因子分解机，使用深度和浅层模型对特征进行学习，在实验中输入的设置同 LibFM 相同，用户、项目及实体的维度为 64。

（3）DKN[⑤]：知识图谱辅助的推荐技术，主要使用知识图谱嵌入的方法。DKN 设计多条通路处理实体及文本属性。在实验中，实体及文本的嵌入向量维度为 64。

[①]　Fuzheng Zhang, et al. , "Collaborative Knowledge Base Embedding for Recommender Systems", Proceedings of the 22nd ACM SIGKDD International Conference on Knowledge Discovery and Data Mining, San Francisco, C. A. , 2016.

[②]　Steffen Rendle, "Factorization Machines", Proceedings of the 2010 IEEE International Conference on Data Mining, Sydney, 2010.

[③]　Yankai Lin, et al. , "Learning Entity and Relation Embeddings for Knowledge Graph Completion", Proceedings of the AAAI Conference on Artificial Intelligence, Austin, 2015.

[④]　Heng Tze Cheng, et al. , "Wide & Deep Learning for Recommender Systems", Proceedings of the 1st Workshop on Deep Learning for Recommender Systems, Boston, M. A. , 2016.

[⑤]　Hongwei Wang, et al. , "DKN: Deep Knowledge – Aware Network for News Recommendation", Proceedings of the World Wide Web Conference, Lyon, 2018.

（4）PER[①]：基于路径的知识图谱推荐技术，将知识图谱当作异构网络并提取其中的元路径[②]。

（5）KNI[③]：基于传播的知识图谱推荐技术，考虑了用户邻域及项目邻域之间的交互。在实验中，跳数设为 4，隐藏层维度为 128。

（6）MKR：交替学习方法的典型模型，用户项目对和实体关系对在训练中相互学习。在实验中，设置最高交互层数为 2，三个数据集的嵌入维度为 8、8、4。

6.3.3　实验设置

在 MNI 实验中主要测试两个方面的性能：CTR 推荐和 Top – K 推荐。CTR 推荐测试使用评价指标 AUC 及 ACC；TOP – K 推荐测试使用 Precision@ K 及 Recall@ K 两个评价指标。

在实验中，设置 MNI 的参数 $K=2$ 为最高交互层数，归一化参数 $\lambda_2 = 10^{-6}$。在重构邻域时，选择跳数 4 构建高阶邻域关系。对于三个数据集，设置交替学习频率 t 为 3、3、2。数据集中 80% 的数据用于训练，20% 的数据作为测试集。对于训练集，随机抽取 20% 的数据用于验证。

6.3.4　实验结果与分析

6.3.4.1　不同算法比较结果

MNI 与基准方法的 CTR 推荐结果比较如表 6 – 2 所示，与 MKR

---

① Xiao Yu, et al., "Personalized Entity Recommendation：A Heterogeneous Information Network Approach", Proceedings of the 7th ACM International Conference on Web Search and Data Mining, New York, 2014.

② Hongwei Wang, et al., "Multi – Task Feature Learning for Knowledge Graph Enhanced Recommendation", Proceedings of the World Wide Web Conference, San Francisco, C. A., 2019.

③ Yanru Qu, et al., "An End – to – End Neighborhood – Based Interaction Model for Knowledge – Enhanced Recommendation", Proceedings of the 1st International Workshop on Deep Learning Practice for High – Dimensional Sparse Data, Anchorage, 2019.

和 KNI 的 TOP - K 推荐结果比较如图 6 - 5 至图 6 - 7 所示。

表 6 - 2　MNI 和基准方法的 CTR 推荐结果比较

模型	Movielens - 1M		Book - Crossing		Last - FM	
	AUC	ACC	AUC	ACC	AUC	ACC
LibFM	0.892	0.812	0.685	0.640	0.777	0.709
Wide&Deep	0.898	0.820	0.712	0.624	0.756	0.688
CKE	0.801	0.742	0.671	0.633	0.744	0.673
DKN	0.655	0.589	0.622	0.598	0.602	0.581
PER	0.710	0.664	0.623	0.588	0.633	0.596
MKR	0.917	0.843	0.734	0.704	0.797	0.752
KNI	0.944	0.872	0.772	0.706	0.823	0.774
MNI	0.951	0.879	0.781	0.707	0.825	0.777

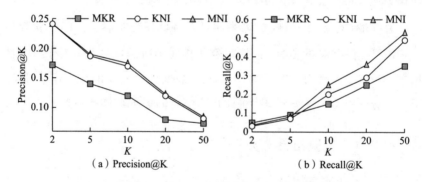

（a）Precision@K　　　（b）Recall@K

图 6 - 5　数据集 Movielens - 1M 的 Top - K 推荐结果比较

（1）与基准方法相比，MNI 的推荐准确性最高。具体来说，同 KNI 相比，同为邻域聚合的方法，MNI 在数据集 Book - Crossing 的实验中 AUC 数值提升了 1.17%、ACC 数值提升了 0.14%。原因在于 KNI 在邻域聚合时忽略了关系的语义信息，而 MNI 通过交替学习的方式将语义信息加入了聚合的邻域嵌入中，使得推荐更准确。此外，和 MKR 相比，同为交替学习的方法，MNI 在数据集 Book - Crossing 的实验中，AUC 和 ACC 数值分别提升了 6.40% 和 0.43%。原因在

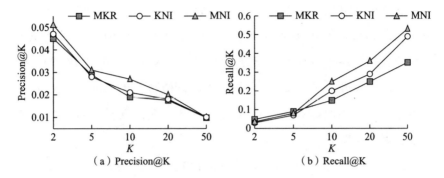

图 6 - 6　数据集 Book - Crossing 的 Top - K 推荐结果比较

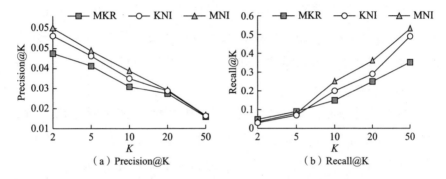

图 6 - 7　数据集 Last - FM 的 Top - K 推荐结果比较

于 MNI 充分考虑了图的结构，通过邻域之间的交互挖掘高阶关系，而 MKR 只挖掘了知识图谱中项目与其属性的直接联系，缺少对深层次隐藏特征的研究。

（2）PER 模型的表现不如 MKR 和 KNI，因为它是基于路径的推荐，过度依赖元路径模式的设置以及专业知识，需要更多的人力去设计元路径。而 KNI 运用传播的思想挖掘了高阶关系，MKR 使用交替学习挖掘了知识图谱的语义关系。

（3）KNI 比其他基准方法的推荐结果更好，说明在图结构中挖掘邻域信息的重要性。然而，KNI 对待用户、项目、属性之间的交互是一致的，缺少了语义信息。而在实际知识图谱中实体之间的语义关系是不同的，这些语义影响用户对项目特征的不同偏好，在推荐时应该考虑语义的影响。

（4）所有的基准方法在数据集 Movielens - 1M 中的推荐结果是最好的，因为该数据集比较紧密，Book - Crossing 的数据比较稀疏，基准方法的推荐准确性低于前者。然而，值得注意的是，MNI 在稀疏的数据集上仍然拥有相对较高的推荐准确度，说明 MNI 可以有效缓解数据稀疏问题。

（5）LibFM 和 Wide&Deep 整体上比基于嵌入的知识图谱推荐技术 CKE 和 DKN 的推荐准确度要高，说明了因子分解机在推荐系统中的有效性，尤其是对于稀疏的数据集，其可以挖掘用户和项目的隐藏关系。原因在于因子分解机使用多层网络，可以探索一部分高阶关系。而基于嵌入表示的方法只关注用户和项目的直接交互，因而影响了推荐的质量。

（6）关于 Top - K 推荐，在三个数据集的实验中可以看到，Recall@K 的结果随着 K 的增大而变大，Precision@K 的结果随着 K 的变大而减小，MNI 的结果优于另外两种基准方法 MKR 和 KNI。

6.3.4.2　参数敏感性实验

（1）交替频率 t 的敏感性测试

本节测试 MNI 框架对算法 6 - 1 中参数 t 的敏感性，结果如图 6 - 8 所示。可以看出，在 $t = 3$ 的时候表现最好。原因在于 t 控制邻域图嵌入模块的训练频率，高训练频率会误导 MNI 模型的推荐目标，将重点过多地放在更深层次的邻域挖掘中，这样不仅会引入干扰信息，而且会增加计算的复杂度，忽略了语义信息对推荐的重要性；而低频率训练会导致模型无法充分运用邻域图嵌入传来的信息，无法挖掘邻域之间的交互关系，不能有效构造用户的偏好模型。

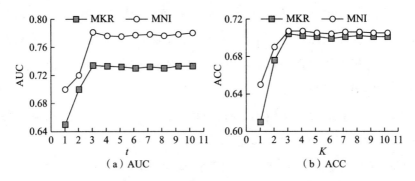

图 6 - 8　数据集 Book - Crossing 交替频率 t 的敏感性测试

（2） 邻域重构跳数测试

本节测试邻域重构中跳数对 MNI 模型的影响，跳数由 1 到 4 变化，结果如表 6 - 3 所示。可以观察到，对于数据集 Movielens - 1M，最好的 AUC 结果出现在 3 跳，对于数据集 Book - Crossing 和 Last - FM，AUC 最好的结果出现在 4 跳。原因在于，低跳数意味着不能探索高阶的邻域关系，而高跳数会引入过多的邻域信息和干扰信息，一部分高阶关系在探索低跳数的邻域时已经得到了探索，因此可以准确捕捉邻域的隐藏特征。

表 6 - 3　跳数对 MNI 模型 AUC 结果的敏感性测试

跳数	Movielens - 1M	Book - Crossing	Last - FM
1	0. 925	0. 739	0. 780
2	0. 937	0. 756	0. 791
3	**0. 951**	0. 779	0. 816
4	0. 949	**0. 781**	**0. 825**

6.4　本书算法比较

本书共提出 4 种算法：基于二部图隐性关系学习的推荐系统 AIRC （第 3 章）、基于社交网络图表示学习的推荐系统 SR - AIR

（第 4 章）、基于传播的知识图谱推荐系统 AKUPP（第 5 章），以及基于邻域的知识图谱推荐系统 MNI（第 6 章）。为了验证这 4 种算法在推荐过程中的表现，本节将在真实数据集上进行实验，并且对比 4 种算法适用的场景。

比较实验的数据集使用 Last – FM，主要原因在于 Last – FM 数据集含有丰富的辅助信息，包括第 4 章的社交网络信息，以及第 5 章和第 6 章的知识图谱信息，可以更好地对 4 种算法不同的特点进行比较。对于数据集的处理方式，采用与 6.3.1 节相同的方法。此外，实验将采用 Top – K 推荐指标 Recall@ 20 和 Precision@ 20，实验结果如表 6 – 4 所示。

表 6 – 4　本书 4 种算法在数据集 Last – FM 上的推荐结果

模型	Recall@ 20	Precision@ 20
AIRC	0.0720	0.0149
SR – AIR	0.0869	0.0192
AKUPP	0.1029	0.0243
MNI	0.1230	0.0286

（1）4 种算法的推荐准确度为 MNI > AKUPP > SR – AIR > AIRC。融入知识图谱的推荐系统（MNI 和 AKUPP）的表现整体高于融入社交网络的推荐系统（SR – AIR）和二部图推荐系统（AIRC）。原因在于，知识图谱中含有更丰富的项目属性，可以更好地刻画用户对项目的偏好，从而达到更好的推荐结果。而 Last – FM 数据集只包含用户之间相互关注的信息，不包含用户的好友关系、关系紧密程度，在一定程度上限制了融入社交网络的推荐质量，因为关注的信息不能完整体现用户的社交关系，只能在浅层次上了解用户之间的偏好影响。融入社交网络的推荐系统在含有更丰富的社交信息时，也可以做出满足用户需求的推荐。

（2）同为融入知识图谱的推荐技术，MNI 的表现比 AKUPP 要好。原因在于 MNI 解决了"早期总结"的问题，而 AKUPP 在预测时只有一对项目和用户关系处于激活的状态，缺少对图中其他节点影响的考虑。然而，MNI 算法在训练前需要对图进行重构，增加了计算的时间和难度，尤其是对于大型图，图的重构时间可能会高于推荐的时间，因此 AKUPP 可能更适合于大型图的推荐，两种方法各有千秋。

（3）AIRC 的推荐准确性低于其他 3 种算法，原因在于 AIRC 算法的准确性一部分依赖于用户属性信息，经过卷积神经网络 CNN 的预处理加入图注意力机制，以更好地刻画用户画像。然而，Last - FM 中没有针对用户属性的数据，因此只能使用随机初始化的方式，这在一定程度上影响了 AIRC 算法的表现力。但是，AIRC 本身仍然可以挖掘到用户和项目的交互特征，在缺少额外辅助信息时仍然可以做出满足用户需求的推荐。

综上所述，同样是融入知识图谱的推荐系统，在大型图推荐时可以使用 AKUPP 挖掘深层次的高级信息，MNI 可以通过对邻域的重构解决"早期总结"问题，从而更好地挖掘邻域之间相互作用的影响，提高推荐质量；在融入社交网络的推荐系统中，SR - AIR 可以更好地应对不同的社交关系；如果只给定用户和项目的交互二部图，选用 AIRC 可以更好地挖掘用户和项目隐藏的相似特性，从而提升推荐的准确性。

6.5　本章小结

针对如何深入挖掘知识图谱推荐系统的图结构特征以及挖掘知识图谱的语义信息，本章提出了基于邻域重构的知识图谱推荐系统 MNI。MNI 将知识图谱重构为知识增强的邻域交互图，包含了用户—项目、用户—项目邻域、用户邻域—项目和用户邻域—项目邻域之间的交互信息，挖掘了高阶关系而且解决了"早期总结"的问题，得到了用户和项目嵌入表示。此外，MNI 使用语义模型学习知识图谱中不同关系的语义信息，并且通过图注意力机制根据关系的重要性分配权重，将实体和关系的语义嵌入知识图谱。同时，项目和对应的实体通过交叉压缩单元交换各自的潜在特征和信息，使双方的知识可以流向学习任务的每一方。通过对三个真实数据集上的实验，表明了 MNI 在 Top – K 和 CTR 推荐任务中提高了推荐的质量。此外，本章还比较了 4 种算法，比较了不同辅助信息对推荐结果的影响，并且分析了 4 种算法的特点以及适用的场景。

第 7 章

总结与展望

7.1　全书总结

随着互联网技术的飞速发展和广泛应用，信息过载带来的负效应正深刻影响着用户的网络交互体验。而推荐系统作为连接用户和信息的桥梁，可以挖掘用户偏好及信息的隐藏特征。辅助信息的加入可以为推荐系统提供多元化的信息，为用户更好地筛选出满足其偏好需求的内容，在提高信息利用率的同时减少用户的搜索时间。这些融入辅助信息的推荐系统含有多种类型的图结构，如用户和项目的交互二部图、用户之间的社交网络、项目与其属性之间的知识图谱等。作为新兴的机器学习技术，图表示学习可以有效处理图结构，一方面可以有效提升推荐质量，另一方面可以为推荐结果提供可追溯性和可解释性。基于此，本书主要研究基于图表示学习的深度推荐系统，进一步探索图结构中所蕴含的隐藏信息和语义信息，进而提高推荐系统的准确性。

本书的主要研究内容如下。

（1）研究了基于用户—项目交互二部图隐性关系的图表示学习

推荐技术，提出了 AIRC 算法。针对二部图中的隐性关系，对二部图进行重构，并且使用图注意力机制对重构的用户、项目隐性关系图进行学习，同时加入了经过神经网络处理的包含用户、项目特征的辅助信息。此外，通过节点之间的信息传递，使用图自编码器对二部图中显性的用户—项目交互信息进行挖掘，进而进行联合学习。通过对真实数据集的实验，证明了融入隐性关系和辅助信息的 AIRC 可以有效提高推荐的准确性，并且更好地缓解推荐系统的冷启动问题。

（2）研究了基于社交网络图表示学习的推荐系统。社交网络图中含有用户之间的关系，用户关系的紧密度可以影响彼此对商品的偏好选择，因此，融入社交网络的推荐系统可以更好地刻画用户偏好。本书提出了 SR – AIR 算法，将整个推荐系统分为用户端和项目端。在用户端中使用多种图表示学习和注意力机制对用户交互的项目特征、用户隐性关系以及用户社交关系进行学习；在项目端对与项目交互的用户特征以及项目之间的隐性关系进行学习，深度挖掘用户和项目的高阶传递关系；再通过多层感知器将得到的用户和项目嵌入表示结合起来进行预测。本书基于真实数据集进行测试，实验结果表明 SR – AIR 模型的推荐结果包含了丰富的隐性关系和社交关系，相对于基准方法，可以更好地完成推荐任务。

（3）研究了基于传播的知识图谱推荐系统。提出了双传播机制的知识图谱推荐技术 AKUPP 算法。第一种传播是用户偏好传播，通过构建波纹集合探索用户和项目之间交互的隐藏特征，研究用户的历史交互，从而挖掘用户的偏好；第二种传播是注意力机制的知识传播，向邻域有权重地传播节点的特征，然后聚合，并且使用多层网络探索知识图谱中高阶关系的语义信息。AKUPP 对这两种传播进行依次学习，考虑了知识图谱作为项目的辅助信息所包含的项目特征，也考虑了用户和项目交互中用户的偏好特征。通过对真实数据集进行测试，可以得出 AKUPP 中的高阶关系挖掘可以有效提升推荐质量，也可以缓解数据稀疏带来的问题。

（4）研究了基于邻域的知识图谱推荐系统。提出了邻域交互的多任务知识图谱推荐技术 MNI 算法。在 MNI 中，一方面，对交互二部图和知识图谱进行重构，使得原始的交互关系转换为用户邻域—项目邻域之间的交互关系，经过图双注意力机制的学习，高层的邻域关系得到挖掘，"早期总结"的问题得到解决。另一方面，运用语义模型对知识图谱中的语义关系进行学习，丰富实体的特征表示。通过交叉压缩单元，邻域的信息和语义的信息在交替学习中得到相互融合和增强，这样得到的推荐结果既考虑了高阶邻域，也考虑了不同语义的关系。通过实验可以发现，MNI 在三组真实数据集中的表现高于基准线。

此外，本书还对 4 种算法进行了比较，通过对真实数据集的 Top–K 推荐测试，比较了不同辅助信息对推荐结果的影响，分析了 4 种算法的特点以及适用的不同场景。

其中，对基于传播和基于邻域的知识图谱推荐方法，还需要做一些讨论。

对于知识图谱推荐，基于邻域的方法同样使用了传播的思想，节点的信息通过边和关系传播到图中其他的节点，然后进行信息融合。不同的是，基于传播的方法在预测之前将一部分邻域的信息压缩到用户或者项目的表示中，这样在预测的时候只有一对用户—项目关系处于激活的状态，没有考虑到图中未激活邻域的交互信息，因此出现了"早期总结"的问题。而基于邻域的方法在传播信息之前需要将原图进行重构，形成邻域与邻域的关系，这样在预测时图中的信息都属于激活的状态。然而，基于邻域的方法需要提前对图进行处理，损失掉了一部分时间，尤其是对于大型图，重构的时间可能会多于传播的时间。因此，可以根据推荐系统的需求进行选择，且它们都可以得到满足用户需求的推荐性能。

7.2　研究展望

本书的研究工作虽然在一定程度上提高了推荐的质量，但是仍有很多可以改进的地方。同时，对相关领域的研究同样存在很多可能性。本书对未来的研究工作提出以下展望。

（1）AIRC 模型使用神经网络对辅助信息进行预处理，从而将用户和项目的特征加入图注意力机制。这里的神经网络使用的是简单的 CNN，可以使用 LSTM 等更深层的神经网络，更好地探知用户和项目的交互历史，并且给予用户近期点击的项目更高的权重，从而分析用户偏好。此外，可以使用随机游走等方法构建隐性关系图，降低图重构的复杂度。

（2）在 SR – AIR 中处理隐性关系图方面，可以使用其他图表示学习技术，如拥有强大学习能力的图自编码器，提取图中隐藏的特征。此外，还可以加入其他社交关系图和属性图，用户的关系除了关注、成为朋友之外，还可以加入同事、校友等不同语义信息，这样可以更好地对用户进行建模，同时可以研究不同关系对用户偏好的影响。

（3）在 AKUPP 中，用户偏好的传播可以使用非均匀的采样，这样可以更好地对节点周围的邻域进行采样。此外，降低时间复杂度也可以是未来研究的主要内容，如减少深层挖掘带来的干扰信息，或者减少语义信息的采集，并同时确保推荐的质量。

（4）在 MNI 中，邻域图嵌入模块需要对邻域进行采样，在实验中使用的是随机采样，可以替换为随机游走或者构建子图的方式。此外，语义信息嵌入模块使用的是简单的语义模型，容易导致过拟合的出现，可以使用其他知识图谱嵌入技术以更好地对不同语义进行建模。

此外，在基于图表示学习的推荐系统中，仍然有很多其他的领域亟待探索。

（1）本书讨论的都是静态图的学习训练，而现在的场景很多是动态图，如实时交通网络，用户、项目及其关系都会随着时间而改变。要保持最新的推荐，需要推荐技术不断地接收新来的信息并且进行运算学习，这需要推荐系统在准确性和实时性之间保持平衡。如何减少学习推荐所需的时间，快速对变化的图做出反应，并且保持推荐的准确性，也是当前需要解决的难点。

（2）图表示学习的推荐系统不仅限于二部图、社交网络及知识图谱，还有很多异构图需要探索。异构图中含有复杂的用户类型和不同的语义信息，无法用一种图表示学习方法对所有信息进行处理。目前，一部分异构图表示学习技术采取的是基于路径的挖掘，需要元路径的支撑才能做出推荐，但是构造好的元路径需要大量专业知识。在异构图中如何自动寻找路径来进行推荐也是未来研究的方向之一。

（3）研究表明，一部分图表示学习技术对于输入的干扰信息特别敏感[1]。在现实场景中，这样的干扰信息是普遍存在的，比如说，用户错误地点击了不感兴趣的商品，或者关注了不感兴趣的用户，这些都会给推荐系统带来干扰。使用图对抗学习可以减少这些无关信息的干扰，这个方向的研究也可以成为今后的重点。

---

[1]　Han Xu, et al., "Adversarial Attacks and Defenses: Frontiers, Advances and Practice", Proceedings of the 26th ACM SIGKDD International Conference on Knowledge Discovery & Data Mining, Virtual Event, 2020.

参考文献

[1] Liang Hu, et al. , "Deep Modeling of Group Preferences for Group – Based Recommendation", Proceedings of the National Conference on Artificial Intelligence, Québec City, Canada, 2014.

[2] Yehuda Koren, "Factorization Meets the Neighborhood: A Multifaceted Collaborative Filtering Model", Proceedings of the ACM SIGKDD International Conference on Knowledge Discovery and Data Mining, Las Vegas, N. E. , 2008.

[3] Andriy Mnih, Russ R Salakhutdinov, "Probabilistic Matrix Factorization", Proceedings of the Advances in Neural Information Processing Systems 20, Whistler, B. C. , 2007.

[4] Robin Burke, "Hybrid Recommender Systems: Survey and Experiments", *User Modelling and User-Adapted Interaction* 12 (4), 2002, pp. 331 – 370.

[5] Kenneth Ward Church, "Emerging Trends: Word 2Vec", *Natural Language Engineering* 23 (1), 2017, pp. 155 – 162.

[6] Suvash Sedhain, et al. , "AutoRec: Autoencoders Meet Collaborative Filtering", Proceedings of the 24th International Conference on World Wide Web, Florence, 2015.

[7] Will Hamilton, Zhitao Ying, Jure Leskovec, "Inductive Representation Learning on Large Graphs", Proceedings of the Advances in Neural Information Processing Systems 30, Long Beach, C. A., 2017.

[8] Petar Veličković, et al., "Graph Attention Networks", 2017, arXiv: 1710. 10903.

[9] Rianne van den Berg, Thomas N. Kipf, Max Welling, "Graph Convolutional Matrix Completion", 2017, arXiv: 1706. 02263.

[10] Rex Ying, et al., "Graph Convolutional Neural Networks for Web – Scale Recommender Systems", Proceedings of the 24th ACM SIGKDD International Conference on Knowledge Discovery & Data Mining, London, 2018.

[11] Xiang Wang, et al., "Neural Graph Collaborative Filtering", Proceedings of the 42nd International ACM SIGIR Conference on Research and Development in Information Retrieval, Paris, 2019.

[12] Muhan Zhang, Yixin Chen, "Inductive Matrix Completion Based on Graph Neural Networks", Proceedings of 8th International Conference on Learning Representations, Addis Ababa, 2020.

[13] Hao Ma, et al., "SoRec: Social Recommendation Using Probabilistic Matrix Factorization", Proceedings of the 17th ACM Conference on Information and Knowledge Management, Napa Valley, C. A., 2008.

[14] Wenqi Fan, et al., "Graph Neural Networks for Social Recommendation", Proceedings of the World Wide Web Conference, San Francisco, C. A., 2019.

[15] Amirreza Salamat, Xiao Luo, Ali Jafari, "HeteroGraphRec: A Heterogeneous Graph – Based Neural Networks for Social Recommendations", *Knowledge – Based Systems* 217, 2021, p. 106817.

[16] Hongwei Wang, et al. , "Multi – Task Feature Learning for Knowl-
edge Graph Enhanced Recommendation", Proceedings of the
World Wide Web Conference, San Francisco, C. A. , 2019.

[17] Hongwei Wang, et al. , "RippleNet: Propagating User Preferences
on the Knowledge Graph for Recommender Systems", Proceedings
of the 27th ACM International Conference on Information and
Knowledge Management, Torino, 2018.

[18] Xiang Wang, et al. , "KGAT: Knowledge Graph Attention Net-
work for Recommendation", Proceedings of the 25th ACM SIGK-
DD International Conference on Knowledge Discovery & Data Min-
ing, Anchorage, A. K. , 2019.

[19] Yanru Qu, et al. , "An End – to – End Neighborhood – Based In-
teraction Model for Knowledge – Enhanced Recommendation",
Proceedings of the 1st International Workshop on Deep Learning
Practice for High – Dimensional Sparse Data, Anchorage, 2019.

[20] Yehuda Koren, Robert Bell, Chris Volinsky, "Matrix Factorization
Techniques for Recommender Systems", Computer 42 (8), 2009,
pp. 30 – 37.

[21] Athanasios N. Nikolakopoulos, George Karypis, "Recwalk: Nearly
Uncoupled Random Walks for Top – N Recommendation", Pro-
ceedings of the Twelfth ACM International Conference on Web
Search and Data Mining, Melbourne, 2019.

[22] Bryan Perozzi, Rami Al-Rfou, Steven Skiena, "DeepWalk: Online
Learning of Social Representations", Proceedings of the 20th ACM
SIGKDD International Conference on Knowledge Discovery and
Data Mining, New York, 2014.

[23] Aditya Grover, Jure Leskovec, "Node 2Vec: Scalable Feature

Learning for Networks", Proceedings of the ACM SIGKDD International Conference on Knowledge Discovery and Data Mining, San Francisco, C. A. , 2016.

[24] Feng Xia, et al. , "Graph Learning: A Survey", *IEEE Transactions on Artificial Intelligence* 2 (2), 2021, pp. 109 – 127.

[25] Ming Gao, et al. , "BiNE: Bipartite Network Embedding", Proceedings of the 41st International ACM SIGIR Conference on Research and Development in Information Retrieval, Ann Arbor, M. I. , 2018.

[26] Hongwei Wang, et al. , "SHINE: Signed Heterogeneous Information Network Embedding for Sentiment Link Prediction", Proceedings of the Eleventh ACM International Conference on Web Search and Data Mining, Marina Del Rey, C. A. , 2018.

[27] Hongwei Wang, et al. , "DKN: Deep Knowledge – Aware Network for News Recommendation", Proceedings of the World Wide Web Conference, Lyon, 2018.

[28] un Zhao, et al. , "IntentGC: A Scalable Graph Convolution Framework Fusing Heterogeneous Information for Recommendation", Proceedings of the 25th ACM SIGKDD International Conference on Knowledge Discovery & Data Mining, Anchorage, A. K. , 2019.

[29] Xiang Wang, et al. , "Explainable Reasoning over Knowledge Graphs for Recommendation", Proceedings of the AAAI Conference on Artificial Intelligence, Hawaii, 2019.

[30] Ahmadian Sajad, et al. , "A Social Recommender System Based on Reliable Implicit Relationships", *Knowledge – Based Systems*, 2020, 192, pp. 10537.

图书在版编目（CIP）数据

深度理解算法：图表示学习的推荐系统研究／马心
陶著.－－北京：社会科学文献出版社，2024.5
ISBN 978－7－5228－3582－2

Ⅰ.①深…　Ⅱ.①马…　Ⅲ.①机器学习－数据采掘
Ⅳ.①TP181②TP311.131

中国国家版本馆 CIP 数据核字（2024）第 086073 号

深度理解算法：图表示学习的推荐系统研究

著　　者／马心陶

出 版 人／冀祥德
组稿编辑／高　雁
责任编辑／颜林柯
责任印制／王京美

出　　版／社会科学文献出版社·经济与管理分社（010）59367226
　　　　　地址：北京市北三环中路甲29号院华龙大厦　邮编：100029
　　　　　网址：www.ssap.com.cn
发　　行／社会科学文献出版社（010）59367028
印　　装／三河市尚艺印装有限公司

规　　格／开　本：787mm×1092mm　1/16
　　　　　印　张：10.5　字　数：135千字
版　　次／2024年5月第1版　2024年5月第1次印刷
书　　号／ISBN 978－7－5228－3582－2
定　　价／98.00元

读者服务电话：4008918866